やってみよう

テキスト
マイニング［増訂版］

自由回答アンケートの分析に挑戦!

牛澤賢二［著］

朝倉書店

はじめに

　2018 年に刊行した本書の初版はありがたいことに多くの読者に利用していただき，それぞれの現場でそれぞれのテーマに対するテキストマイニングを実践されたという声が寄せられました．その後 KH Coder はバージョンアップが行われ，よりいっそう使いやすく便利になり，ユーザーのさらなる広がりを見せています．このような状況から，本書でも機能アップを反映し新たな事例を追加するなど，増訂版として内容を刷新することにしました．

　テキストマイニングとはアンケート調査における自由回答のような文書形式のデータを品詞単位の単語に分解し，頻度を数えたり統計手法などのいろいろな分析手法を駆使したりして，文書全体を理解するための方法です．
　本書ではアンケート調査の自由回答の実例を使って，テキストマイニングの考え方と手順を解説しています．テキストマイニングのためのツールとして，KH Coder というフリーソフトウェアを開発者の承諾を得て使っています．また，もとのデータや分析結果を入出力するために主に Microsoft Excel を利用しています．数式はほとんど出てきませんが，Excel の基本的な操作に関する知識を前提にしています．
　テキストマイニングは楽しい．これがみなさんに第一に伝えたいことです．社会人の方々を対象にしたテキストマイニングのセミナーにおいて「難しいと思っていた統計がこんなに面白いものだとは思わなかった」という感想をお聞きして，このことを改めて確信しました．ですからみなさんにも本書を読んで是非試していただきたいと思います．誰でも必ずできるようになります．以前大学に勤務していたときには，商用のテキストマイニングのソフトウェアを利用していました．それらはいずれも数百万円（大学ではその十分の一の価格で利用できましたが）もするものだったので，誰でも気軽にテキストマイニングができるという環境にはありませんでした．今は，「R」という統計解析用のフリーソフトウェアを利用してテキストマイニングを行うこともできるようで

すが，一般にはやはりハードルが高いと思います．それに比べて本書で利用している KH Coder はほとんど誰でも使いこなせます．そして楽しく分析を進めることができます．

　なぜ「楽しい」と言えるのかについても少しお話しします．そもそもテキストマイニングには「分析」という言葉そのものがふさわしくないのかもしれません．最初はデータとして入力した文章が，品詞別の単語に分解されて出現回数が示されるだけでも驚きますが，いろいろな分析結果がわかりやすく視覚化されるのを見ると感激することになると思います．さらにいろいろ試行錯誤しながら分析し，考えたことを仮説として新たなデータとして取り込み，それを検証することもできます．たとえばアンケート調査で自由記述した人たちの意見から自分なりに重要なポイントを簡潔に要約し，それを検証するためにグラフィカルに表現することもできます．もとのデータにはなかった新しい分析の軸を分析者自身が設定できる，ということです．分析に込めた自分の「思い」を仮説として設定し検証できるのです．これはとても楽しい作業です．このあたりのことについては体験してみないと実感がわかないかもしれません．第6章で詳しく紹介していますので楽しみにしてください．

　さて，本書は Excel の基本的な操作ができる人であれば誰でも読み進めることができます．日頃 Excel を使いながらデータを整理したり集計したりしている人たちに十分に役立つと思います．自由回答のような文書形式のデータはざっと目を通したり，並べ替えたりするだけで済ましていたかもしれませんが，これからは数値データと同じように分析できます．分析結果はほとんどすべて視覚化できますので解釈は容易です．そして最もおすすめしたいのは，データ分析や統計解析はどうも苦手という方々です．ここからそれをスタートしましょう．先に紹介した社会人の方は社内業務として社員の仕事に関するいろいろな意見をまとめている方でした．今までは手作業でそのような文書データを仕分けして整理していたそうです．この方の例のように，まずは手近にある題材を分析することからはじめることができます．そのような意味で「統計をここからはじめる」という人たちにも適した内容と言えます．

　本書は7つの章と5つの付録で構成されています．各々の内容は以下の通りですが，説明のために用いているデータ類はすべて朝倉書店の Web サイト（http://www.asakura.co.jp）の本書紹介ページからダウンロードすることがで

きます．KH Coder とこれらのデータを使って実際に一緒に分析しながら読み進めてみてください．さて，第1章ではテキストマイニングとは何か，その考え方と手順を説明しています．全体を通して利用する事例についても概説しています．第2章ではテキストマイニングをはじめる前に Excel を使って行う，同義語などを編集する方法を解説しています．第3章から第6章までが KH Coder を利用するテキストマイニングの実践方法を解説しています．まず第3章ではデータの読み込みの方法やいろいろな前処理について解説しています．この段階でもとの文書から品詞別の語が切り出されます．増訂版ではこの章を大幅に書き換えました．第4章と第5章は抽出した語を探索的に分析する方法を解説しています．データを表形式の構造とみなしたときに縦方向（抽出語方向）から分析する方法を第4章，横方向（サンプル方向あるいは回答者）から分析する方法を第5章で説明しています．第6章では，第4章と第5章の探索的な分析を通して分析者が考えた仮説をデータの中に取り込み，それを検証する第2段階の分析法について解説しています．前述の通りこれは楽しい作業です．最後の第7章では，いろいろな方の協力も得て5つの事例が紹介されており，第6章までの説明では不足していた KH Coder の使い方についても補完しています．テキストマイニングが具体的にどのような場面で有効に利用できるのかをこの章で確認できます．増訂版で新たに追加した事例（7.1節）は，はじめてテキストマイニングに取り組もうとされる読者にも大変良い参考になります．以上の本編に続いて5つの付録があります．Excel のマクロを利用してデータ編集を行う方法，抽出した語と属性をクロス集計する方法，第6章を補うベイズ学習による分類の考え方，Excel マクロによる複数語の文字列検索，KH Coder の全体構成についてそれぞれ解説しています．最後の2つの付録は増訂版で追加したものです．

　本書は多くの方々のご協力の下にまとめることができました．まずは開発者である樋口耕一先生が，快く KH Coder を利用して本にまとめることを承諾してくださいました．樋口先生の開発思想に必ずしも準じた使い方をしていない点や十分に活用しきれていない点もあるかもしれませんが，どうぞお許しください．樋口先生の著書とソフトウェアは，株式会社シード・プランニングの森本達也氏に最初に紹介していただきましたが，それが本書を著わすことの出発点でした．本書の大きな特徴はすべて実例に基づいて書かれている点で，テキ

ストマイニングの考え方と分析手順は一つの調査事例「2016 年版 IT を活用した高齢者向けサービスのニーズ調査」のデータを利用して書いています．このデータは私が現在勤務する株式会社シード・プランニングから提供していただきました．特にこのプロジェクトの担当者である 両 方敦子氏からは報告書の引用と合わせていろいろご協力いただきました．さらに第 7 章の事例に関しては，産業能率大学・旧地域科学研究所のみなさん，株式会社東芝の野々村琢人，安村明子，弓倉陽介の各氏（所属は執筆時），日本大学経済学部の河越正明氏（執筆時の所属は内閣府経済社会総合研究所），内閣府経済社会総合研究所の松多秀一，浦沢聡士，北島美雪，塚田すず菜の各氏，大阪樟蔭女子大学の鈴木朋子教授とゼミ生から多大なるご協力をいただきました．これらの事例によって，本書の内容をよりいっそう豊かなものにすることができました．そして最後に，統計科学研究所の理事長・所長の杉山髙一先生には本書を書くきっかけを作っていただき，朝倉書店の編集部の方々には原稿を大変読みやすくなるように編集していただきました．みなさまに心より感謝申し上げます．

2021 年 4 月

牛 澤 賢 二

KH Coder の今後のバージョンアップ等による本書と関わりのある変更点は，朝倉書店 Web サイトの本書紹介ページに補遺として随時公開していきますので参照してください．

目　　次

1. テキストマイニングをはじめる

　はじめに，テキストマイニングとは何か，その手順とポイントは何か，などについて見ておきましょう．ここからスタートです．

1.1　テキストマイニングとは

　テキストマイニングって何だろう，ということを最初にお話しします．そのために，本書全体を通じて使う事例を以下の図 1.1 に示します．Excel に入力したデータの一部です．このデータは，55 歳以上の男女 600 人を対象に行ったアンケート調査で，性年代や家族構成などの属性と次の 4 つの自由回答の項目で構成されています．

　・加齢を意識するのはどんなときですか．
　・10 年後のあなたの，楽しみや生きがいは何だと思いますか．
　・10 年後のあなたの生活を考えたときに，不安や心配を感じるのはどんなことですか．
　・高齢者向けに，どんなサービスがあったらよいと思いますか．

　実際のアンケート調査では，これらの項目以外にもたくさんの質問をしているのですが，本書で解説用の事例として分析対象としている部分だけを抽出しました．調査の内容については，1.5 節で補足的に少しだけ紹介します．

　さて，「テキストマイニングとは」ということですが，一言で言えば，上記の 4 つの自由記述のような文書形式のデータを定量的な方法で分析することをいいます．600 人を対象にしていると言いましたが，たとえば「加齢を意識するとき」という質問に対して，結局のところみなさんはどんなふうに答えているのだろうということを，定量的に要約して示すこと，あるいは理解することが目標です．定量的に分析することで，数値データと同じように，結果を誰が見ても分かるように視覚化して示すことができます．数値データと同じように

No	性年代	性別	就業形態	子供の有無	家族構成	加齢を意識する時	10年後の楽しみや生きがい	10年後の不安や心配	高齢者向けサービス
1	男性55〜59歳	男	3	2	1	体調が悪くなるとき。	映画、テレビ、音楽鑑賞、読書、登山、旅行などの趣味活動。	重い病気になること。	家事のお手伝いさん。
2	男性55〜59歳	男	3	1	4	疲れやすくなっていることを実感すること。	孫がいれば孫の成長	収入が減ること	ネットお見合い
3	男性55〜59歳	男	3	1	4	階段や登り坂で、息切れしたとき。	全国行脚の旅。	財産の管理。	対話重視のセレス。
4	男性55〜59歳	男	3	2	3	夜間作業をする次の日がつらい	ウォーキング	健康状態	話し相手
5	男性55〜59歳	男	3	1	4	足腰が弱くなる	適度な負荷の仕事	健康を害すること。	健康増進プログラム
6	男性55〜59歳	男	1	2		責任が生ずる行為や解決困難な課題への前向きな姿勢が薄れた。肉体的な衰えより、精神的な衰えに加齢を感ずる。	残念ながらなにも浮かばない。今夢見ている老後は安楽な暮らしだが、近づけば状況も色を変わって、楽しみも変わっているだろう。	健康。また健康を維持するための経済的な余裕の有無。	社会的な老々介護の仕組み。年金給与年齢になったら、一定の介護労働を義務化する。老々介護に参加しない老人には年金を減額する。
7	男性55〜59歳	男	3	2		毛髪が白くなってきていること 運動した後の疲れが取れにくくなってきていること 歩くスピードが落ちて来ていること 筋力が落ちてくること	ゴルフか後何年できるかということ 野菜 果物を作ること	収入がまともにあるかどいういうこと 健康かということ	時間はあると思うのでその会貢献できると思うサークルがあり、地域貢献できる環境があれば良いと思います。
8	男性55〜59歳	男	1	2	3	頻繁な筋肉痛・腰痛。白髪、視力の低下。聴力の低下。精力の減退。	読書。音楽鑑賞、テレビ、インターネット。	介護を必要とする状態になる。認知症。年金。	具体的なアイディアは浮かばないが、基本的には、機械やテクノロジーに頼ることなく、心の触れ合いを重視したサービスがあれば良いと思う
9	男性55〜59歳	男	1	1	4	運動能力の低下	旅行 子供たちの生活	経済力	混雑時の高齢者専用電車
10	男性55〜59歳	男	1	2		今まで難しくなくできていたことが苦痛になったり、面倒くさく感じること	のんびりと自分の好きなことだけをする生活	重篤な血管障害や認知症	宗教をかさずに死ぬことに対する恐怖を軽減してくれるサービス

図 1.1　本書で扱う事例データの一部

分析します.

　われわれの身近には，アンケートのデータというのはあまり多くはないかもしれませんが，新聞やインターネット上の記事，SNS，メール，図書，人によっては論文やレポートなど，文書形式のデータは至るところに存在しています.それらを分析できるようなデータとして整理すれば，どれもが分析対象となります.もちろん，分析する目的があってこそですが.

　本書の目的は誰もが利用できるフリーのソフトウェア KH Coder を利用して，このようなことを実現するための考え方や方法を，やさしく説明することです.誰でも必ずできるようになります.しかも，楽しみながら分析を進めていくことができます.本書では社会調査データ，アンケート調査データを念頭に置いて，Excel の利用を前提にテキストマイニングの基本的な手順を説明することにします.

1.2　テキストマイニングの手順

　それでは，テキストマイニングは実際にどのような手順で行うのかを説明しましょう.図1.2を見てください.これが全体像，全体的な手順の概要です.

■1.2.1　「文書」を「言葉」にばらす──形態素解析

　テキストマイニングの最初のステップは，テキスト形式のデータを定量的に分析できるかたちに変換することです.英語のように単語どうしを空白で区切って書く「分かち書き」の言語と異なり，日本語の場合はいわゆる「べた書き」なので，辞書を使って文を単語単位にばらす必要があります.それが形態素解析です.この日本語処理の部分は，技術的にとても難しいのですが，このような研究に長年携わっている研究者が多くいて，その成果は誰でも利用できるように公開されています.

　さて，どのように文書がばらされるのかを図1.3に例を示します.これは前掲の「高齢者向けサービス」のデータから「サービス」という言葉を含む文書の一部を示したものです.最初の18や22などの数字はサンプル番号です.スラッシュ（/）記号で区切られた言葉がばらされて，分析対象のデータとして抽出されます.また，それぞれの言葉は，名詞や動詞などの品詞に分類されま

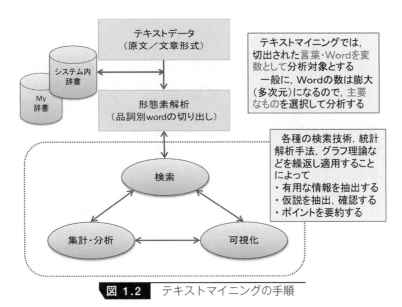

図 1.2　テキストマイニングの手順

18	具体 / 的 / な / アイディア / は / 浮かば / ない / が / 、 / 基本 / 的 / に / は / 、 / 機械 / や / テクノロジー / に / 頼る / こと / なく / 、 / 心 / の / 触れ合い / を / 重視 / し / た / サービス / が / あれ / ば / 良い / と / 思う / 。
22	宗教 / を / 介さ / ず / に / 死ぬ / こと / に対する / 恐怖 / 心 / を / 軽減 / し / て / くれる / サービス
24	高齢 / 者 / 向け / の / 医療 / サービス / や / レクレーション / 等 / が / 充実 / し / た / 施設
36	家事 / や / 買い物 / の / 代行 / など / 、 / 日々 / 生活 / で / 必要 / な / サービス / が / 無料 / も / しく / は / わずか / な / 費用 / で / 受け / られる / よう / に / なる / こと / 。
42	高齢 / 者 / を / ただ / 見守っ / て / 介護 / する / だけ / で / なく / 、 / リハビリ / ・ / ストレッチ / 等 / 、 / 手先 / だけ / で / なく / 、 / 脳 / の / 活性 / 化 / や / 神経 / 系 / の / 使い方 / を / 補強 / できる / サービス / が / ほしい / 。
48	訪問 / し / て / くれ / て / 会話 / し / て / くれる / サービス
52	困っ / た / とき / に / 気軽 / に / 電話 / など / で / 具体 / 的 / に / 相談 / できる / 公的 / サービス / 。
66	栄養 / バランス / を / 考え / た / ヘルパー / サービス / 。
70	買物 / へ / の / 同行 / サービス / 。
71	/ 庭木 / の / 伐採 / や / 草刈 / サービス / 。
87	家 / など / の / 資産 / を / 有効 / に / 活用 / できる / サービス / 。
92	集会 / 所 / や / 食事 / の / 手配 / など / 、 / 生活 / 面 / 全般 / にわたる / サービス / が / 必要 / 。
96	簡単 / な / 手続き / で / 身近 / な / サービス / を / 受け / られる / こと / 。
98	何 / か / あっ / た / 時 / の / お手伝い / サービス
108	国内 / 旅行 / を / する / 際 / に / 同行 / し / て / もらい / 、 / でき / ない / こと / を / 代行 / し / て / もらえる / エスコート / サービス
119	必要 / な / 時 / に / 必要 / な / サービス / の / 提供

図 1.3　ばらされたテキストデータ

す．したがって，テキストマイニングのソフトウェアを利用すると，品詞別に切り出された言葉を一覧して確認することができます．

■1.2.2 「言葉」と「言葉」の関係を分析する

テキストマイニングの次のステップは，切り出した言葉をいろいろな方法で検索したり，分析したりすることです．データベース機能やグラフ理論，あるいは統計的な手法を中心に，使える方法は何でも利用します．テキストマイニングのソフトウェアは，分析結果を視覚化して表示してくれるので，分析手法の理論的な背景に詳しくなくても，その結果が言おうとしていることは容易に理解できます．たとえば図 1.4 は，共起ネットワークと呼ばれる方法で，抽出した言葉の関連性を分析したものです（詳しくは第 4 章で解説します）．テキストマイニングでは最も強力な分析手法の一つですが，理論的背景を何も知ら

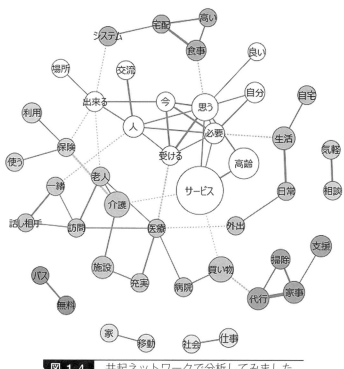

図 1.4 共起ネットワークで分析してみました

なくても，言おうとしていることが，何となく分かる気がするのではないでしょうか（注：図1.4は，次章以降で説明する「データの編集」を十分に行う前の段階で描いたものです）．

　抽出された言葉の頻度は円の大きさで，また関連性（共起性）は線のつながりとして，視覚的に確認できます．600人の回答内容が，1つのグラフの中に要約して示されているのです．この方法は属性と言葉の関連性の分析にも応用されます．いろいろな分析手法を組み合わせることによって，回答者全員が言おうとしていることを，より良く，より深く理解することができますし，みんなでそのことを共有できるようになります．

　これまでの説明から分かるように，テキストマイニングは，日本語の処理，データベースや多様な分析機能を併せ持つ，非常に総合的な大きなシステムということになります．本書では，テキストマイニングの方法を，最初に示した高齢者を対象とした調査データを事例にして具体的に解説していきます．

1.3　データ構造の特徴

　もとのテキストデータから，どのようにして前節のような分析が可能になるのか，ここでは分析対象のデータの構造を簡単に見ておくことにします．図1.5は，「高齢者向けサービス」の原文と，切り出された言葉の中で高頻度のものの一部を示したものです．

　0や1などのデータは，原文にその言葉が何回出現しているのかを表しています．全体的には高頻度の言葉を例示しているのですが，それでもほとんどが0からなる，非常に特殊なデータ構造を示しています（スパースなデータといいます）．このようなデータ行列を分析対象として用いているのです．

　テキストマイニングでは，抽出された言葉が，一般的なデータ分析における変数と同様に扱われます．事後的に変数が定義される点が通常の分析の場合と違います．しかも，テキストマイニングの場合には，アンケート調査データでも，変数（切り出される言葉）は，数千とか数万といった膨大な数になります．したがって実際には，これらの中から主要な変数を選択して分析を行います．ただし，「主要」をどのように考えるのかについては，たとえば，頻度が高いもの，あるいは品詞単位で選ぶなど，いろいろ考えることができます．そのあ

id	原文 高齢者向けサービス	高頻度の切出され、抽出された言葉(の一部)										
		サービス	高齢	買い物	介護	思う	生活	施設	家事	代行	支援	人
1	家事のお手伝いさん。	0	0	0	0	0	0	0	1	0	0	0
2	ネットお見合い	0	0	0	0	0	0	0	0	0	0	0
3	対話重視のサービス。	0	0	0	0	0	0	0	0	0	0	0
4	話し相手	0	0	0	0	0	0	0	0	0	0	0
5	健康増進プログラム	0	0	0	0	0	0	0	0	0	0	0
6	社会的な老々介護の仕組み。年金受給年齢になったら、一定の介護労働を義務化する。老々介護に参加しない老人には年金を減額する。	0	0	0	3	0	0	0	0	0	0	0
7	時間はあると思うので社会貢献できるサークルがあり、地域貢献できる環境があれば良いと思います。	0	0	0	0	2	0	0	0	0	0	0
8	具体的なアイディアは浮かばないが、基本的には、機械やテクノロジーに頼ることなく、心の触れ合いを重視したサービスがあれば良いと思う。	1	0	0	0	1	0	0	0	0	0	0
9	混雑時の高齢者専用電車	0	1	0	0	0	0	0	0	0	0	0
10	宗教を介さずに死ぬことに対する恐怖心を軽減してくれるサービス	1	0	0	0	0	0	0	0	0	0	0
11	高齢者向けの医療サービスやレクレーション等が充実した施設	1	1	0	0	0	0	1	0	0	0	0
12	日常生活の支援	0	0	0	0	0	1	0	0	0	0	0
13	年金生活者への公的な機関の生活資金の貸しだし	0	0	0	0	0	2	0	0	0	0	0
14	終活	0	0	0	0	0	0	0	0	0	0	0
15	若い人との交流	0	0	0	0	0	0	0	0	0	0	1

図 1.5　データ構造

たりは，演習の場面で具体的に説明することにします．

1.4　テキストマイニングのポイント

　実際のデータ分析の説明に入る前に，テキストマイニングの重要なポイントについてあらかじめ説明しておきます．図1.6に主要なポイントをまとめました．各々について少し解説します．

■1.4.1　データ整理の段階

　もとのテキストデータから言葉を切り取る「形態素解析」がテキストマイニングの最初のステップでしたが，どれだけ高い精度で言葉を切り出せるかが問題です．システム任せではなかなかこのことが実現できません．そのため次に示すようなデータの編集作業が必要になります．テキストマイニングの中で最も時間の必要な段階といえます．原文と分析者が会話する段階でもあります．許される範囲で，ここに時間を割くのが，テキストマイニングを成功させるた

┌──────────────────────────────────┐
│　　テキストマイニングの重要なポイント　　│
└──────────────────────────────────┘

◆データを作る（言葉を切取る）段階
　　– データの編集（同義語など）
　　– My辞書の作成
◆検索や分析の段階
　　– 多様な検索と分析法を組合わせる
　　– 視覚化
◆解釈する段階
　　– 柔軟性：仮説の取り込み（分析の第3の軸）
　　– 結果を構造化して要約する
◆その他
　　– 頻度の少ないWord（言葉）にも注目する

図 1.6　　テキストマイニングのポイント

めの秘訣です．

a.　表記のゆれを統一する

　一つは，異なる表記の言葉を統一することです．同じ言葉が，ひらがな，カタカナ，漢字，あるいは，それらの組み合わせなどさまざまな表記で混在するのが一般的です．まずは，それらを統一します．あるいは，「スマホ」や「TV」などの短縮化した表記をすることも少なくないので，これらも統一した表記にしなければなりません．テキストマイニングのソフトウェア内でできるものもありますが，事前にまとめて変換しておくことを推奨します．対応表を残しておくのがいいでしょう．

b.　データに合った辞書を作る

　もう一つは，My 辞書の作成と活用です．前述の図1.3を見ると，別のかたちで抽出してほしいと思われる言葉がいくつかあります．たとえば，18 番目の「具体的」や 24 番目の「高齢者」などは途中で切り離されています．かなり専門的な領域の文書や「クラウド」「スマートフォン」などの新しい言葉の場合も，思ったように抽出されないということが，たびたび発生します．このようにシステム内の辞書だけでは，分析者が思っているように言葉が切り取れるとは限りません．そうしたときは，「このように切り取りなさい」という分析者が定義する辞書を作成します．これは一度試行的にシステムを動かした後にしか作成できません．抽出された言葉を見て改めて My 辞書を作成します．

現実的には，何回かの試行錯誤が必要になります．ネット上で公開されている分野別の専門用語辞書などの活用も有効です．以上の2つの編集作業は，第2章以降で具体的に説明しますが，できるだけ時間をかけて慎重に行うことが，必ずテキストマイニングを成功させます．

■1.4.2　検索や分析の段階

分析対象のデータは，図1.5で見た通り，表形式の構造をしています．したがって，いろいろな検索や分析は縦（列）方向と横（行）方向の2つの方向（軸）から行うことができます．

a.　データを「縦」方向から見る

縦（列）方向から見るということは，言葉（あるいは変数）を分析することです．まずはデータ全体の中で，どのような言葉が何回ぐらい使われているのだろうというふうに，頻度を数えてみることがスタートになります．前述のように，これは形態素解析によって品詞別に調べることができます．さらには前述の図1.4のような方法で，言葉と言葉の関係性を分析します．そのほかにも言葉と言葉の関係性を分析するには，多次元尺度構成法，クラスター分析，自己組織化マップなどの方法が使われますし，属性との組み合わせで分析するコレスポンデンス分析（対応分析）など，いろいろな手法があります．詳しくは第4章で具体的に説明しますが，これらの分析を通して，言葉から見たデータ全体の構造が見えてきます．また，次に述べるデータを「横」方向から見る場合のヒントが得られます．

b.　データを「横」方向から見る

「横」（行）方向からの分析とは，サンプル別の分析ともいえます．用いられる最も典型的な分析手法は，サンプルを似たものどうしのいくつかのグループに分類するクラスター分析です．「似たもの」というのは，同じような意見を持っている人たちであり，当然その人たちは同じような「言葉」を使っている人たちであるともいえます．ここでの分析には，「縦」方向の分析で得られた結果が参考になります．つまり，どのような言葉を用いて「横」方向から分析すべきか，ということに対するヒントを与えてくれます．逆に，「横」方向からの分析結果から，気がつかなかった「縦」方向の特徴が見えてくる場合もあります．具体的な例は第5章で詳しく説明しますが，ここでは，横（行あるい

はサンプル）方向から，データ全体の構造を探るのが目的です．

　以上のように，縦からも横からも探索的にいろいろ分析することによって，これはまさにデータとの会話にほかなりませんが，「こういうことを言っているに違いない……」というデータ全体の構造が，要約された仮説として，分析者の頭の中に，漠然としたかたちでできあがってきます．

c. 頻度の低い言葉にも注目する

　なぜ，自由記述の質問文を設定するのか，ということに関して，たいていのマーケティングリサーチの本には，「調査の設計者・企画者が考えてもいなかった思いがけない意見を発見すること」も一つの理由である，と書かれています．このような思いがけない言葉は，当然出現する頻度が低くなります．テキストマイニングで最初に行う基本的なことは，言葉の頻度分布を眺めることでした．頻度順に整列することになるでしょう．このとき，頻度の低い裾の方にも注目してみよう，というのがこのポイントです．何か発見があるかもしれません．場合によっては，みんなが考えていること（頻度の高い言葉）は当然なので，むしろ，頻度の低めのところに焦点を合わせて分析してみよう，といったケースもあるかもしれません．この点も忘れてはならない重要なポイントといっていいでしょう．

■1.4.3　解釈する段階——仮説を立てて要約する

　次のステップは，探索的な分析から仮説検証的な分析へ，です．「いろいろ分析してみましたが，分析者は（私は）最終的に，データ全体からこのような結論が得られました」，あるいは「要約すると，このようなことが言えます」，というふうにまとめるのがこの段階です．

　たとえば，「高齢者向けサービス（としてどのようなアイディアがありますか）」に関する自由記述からは，実際にはたくさんの言葉が切り取られます．それらの言葉の中で

「家事」「食事」「掃除」「買い物」「洗濯」……

などの一連の言葉については，総合して，あるいは集約して

「日常生活支援（にかかわるサービス）」

という新しい言葉あるいはテーマとして分類定義します（図1.7）．ある意味では，分析者が恣意的に決めたものではありますが，そのように考えた理由を，

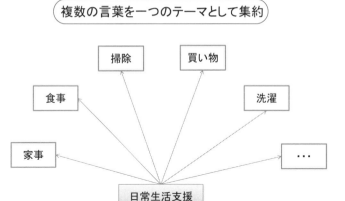

図 1.7　テーマ，あるいはコンセプトの定義

1.4.2 項の探索的な分析の結果が保証してくれます．何もなしに考えたわけではないのです．

　このようにして分析者が事後的あるいは仮説的に新しく定義した言葉（テーマ，コンセプト）に対しても，改めていろいろな角度から，たとえば年代などの属性との関係を分析することができます．新たに定義したテーマは，いわば，分析の第 3 の軸ということになります．このように次々にいくつかのテーマに分類することで，テキスト全体を効率的に要約することが可能になります．全体像が非常に見通しよく整理されます．第 6 章で詳しく解説します．

1.5　事例について

　本書で事例として一貫して使用するデータは，株式会社シード・プランニングの自主企画調査「2016 年版　IT を活用した高齢者向けサービスのニーズ調査」の実データを提供していただいたものです．株式会社シード・プランニングと担当者の両方氏には，改めて感謝の意を表したいと思います．また，調査結果はすでに報告書・レポートとして刊行されています（図 1.8）ので，詳細の調査結果は，同レポートを是非参照してください．

　調査の目的と背景は次のようです．

2016年版
ITを活用した高齢者向けサービスのニーズ調査

2016年12月

株式会社シード・プランニング

Market Research & Consulting
SEED PLANNING

図 1.8　2016 年版 IT を活用した高齢者向けサービスのニーズ調査の表紙

　2025 年には，75 歳以上人口は 2200 万人，65 歳以上人口は 3600 万人に達し，男女ともに 65 歳以上の単身世帯が増え続けることが予測され，元気な高齢者を対象とした新しいサービスやビジネスモデルの開発が期待されている．本調査では，1 都 3 県に在住する 55 歳から 69 歳の男女を対象に Web アンケートを実施，現状の高齢化への意識，10 年後を見据えての，日常生活の様々なシーンにおけるニーズと有望サービスの方向性を探ることを目的とする．自由記述については，テキストマイニング分析を行う（報告書より引用）．

　このような目的と背景のもとに，調査は，2016 年 10〜11 月に実施されたものです．また，アンケートは図1.9の調査項目で構成されています．

　これらの項目の中から，図1.1に示した属性部のいくつかと上記の自由記述項目の中の「高齢者向けサービスのアイディア」を中心に利用して，テキストマイニングの実際の手順の解説を行います．読者のみなさんはこのデータを朝倉書店 Web サイトの本書紹介ページからダウンロードして，次章以降で解説するテキストマイニングのフリーソフトウェア KH Coder と Excel を使ったすべての分析手順を一緒に体験することができます．

アンケートの構成

「高齢化と10年後の日常生活に関するアンケート」対象：1都3県に在住する55～69歳の男女600人　　実施：2016年10月

SEED PLANNING

分類		質問番号	項目	回答形式（選択肢数）
背景	スクリーニング	SQ	健康状態：健康である、持病はあるが普通に生活、健康ではない ⇒「健康ではない」は除外	SA(3→2)
	スクリーニング	SQ	所有機器：スマホ、携帯、タブレット、パソコン、大型テレビ40型以上、いずれも所有していない ⇒スマホ、携帯のいずれか1つ以上に該当することが条件	MA(6→5)
	プロフィール	F1	性別	SA(2)
	プロフィール	F2	生年（2016年12月時点の年齢）	SA(15)
	プロフィール	F3	在住地　埼玉・千葉・東京・神奈川に限定	SA(4)
	プロフィール	F4	現在の就業形態	SA(7)
	プロフィール	F5	子どもの有無	SA(2)
	プロフィール	F6	同居家族構成	SA(7)
現在	意識	Q1	現在の生活の重視点	MA(20)
	実態	Q2	健康や若さを保つための取り組み	MA(15)
10年後	意識	Q3	10年後の変化 日常生活の満足度／住まいの満足度／健康の良好度／（時間のゆとり／精神のゆとり／経済のゆとり／家族とのつながり／社会とのつながり）	8項目・各SA(3)
	意識	Q4	10年後の生活の重視点	MA(20)
介護（現在と10年後）	実態	Q5	介護経験	SA(4)
	意識	Q6	自分自身が介護が必要になった場合の選択	SA(5)
	意識	Q7	今後の生活の不安や心配	MA(15)
IT活用サービス	実態	Q8	インターネットサービスの利用	MA(10)
	ニーズ	Q9	生活支援サービスへの関心度	MA(28)
	ニーズ	Q10	生活支援・介護支援ロボの利用意向	10項目・各MA(3)
	意識	Q11	生活支援サービスにおけるIT活用の考え方	MA(7)
10年後のイメージやアイデア	意識	Q12	加齢を意識する時	FA
	意識	Q13	10年後の楽しみや生きがい	FA
	意識	Q14	10年後の生活の不安や心配	FA
	意識	Q15	高齢者向けサービスのアイデア	FA

SA…単数　MA…複数　FA…自由記述

図 1.9　調査項目の構成

4

2 データの事前編集

テキストマイニングのフリーソフトウェア KH Coder を利用することを前提にして，本章では，ソフトウェアを使う前に行っておくべき，データの事前編集に関して解説します．

2.1 外部変数とテキストデータ

テキストマイニングはアンケートの自由記述式のような文書形式のテキストデータだけではなく，性別や年代などの属性やそのほかの選択肢型の（カテゴリカルな）データも一緒に分析します．後者をここからは外部変数と呼ぶことにします（この呼び方は KH Coder で用いられているものです）．テキストマイニングは，文書形式のテキスト部を分析することが主たる目標ですが，外部変数によって，たとえば性年代による傾向の違いをあきらかにすることも重要です．

これから進めるテキストマイニング用のデータは，複数の外部変数と1項目のテキストデータで構成します．第1章の図1.1の事例データには4つの自由記述の項目が含まれますが，分析は1項目ずつ行うということです．データはExcel 上で編集の作業を行うことにします．たとえば，「高齢者向けサービス」を分析対象とする場合は，図2.1のようにデータを作成します．ほかの自由記述の項目は削除しておきます．

事前のデータ編集では常に，テキスト部と外部変数がセットになったこの形で処理を行います．この点は注意してください．テキスト部と外部変数を別々のファイルにして編集すると対応ができなくなる場合があるためです．さらに，図2.1のように，最初の列には必ず，ID番号や連番などのサンプルを識別する番号や記号を入力しておきます．編集作業においては，サンプルを並べ替えたり，サンプルごと削除したりする場合があるためです．

No	性年代	性別	就業形態	子供の有無	家族構成	高齢者向けサービス
1	男性55-59歳	男	3	2	1	家事のお手伝いさん。
2	男性55-59歳	男	3	1	4	ネットお見合い
3	男性55-59歳	男	3	1	4	対話重視のセービス。
4	男性55-59歳	男	3	2	3	話し相手
5	男性55-59歳	男	3	1	4	健康増進プログラム
6	男性55-59歳	男	1	2	2	社会的な老々介護の仕組み。年金受給年齢になったら、一定の介護労働を義務化する。老々介護に参加しない老人には年金を減額する。
7	男性55-59歳	男	3	2	4	時間はあると思うので社会貢献できるサークルがあり、地域貢献できる環境があれば良いと思います。
8	男性55-59歳	男	1	2	3	具体的なアイディアは浮かばないが、基本的には、機械やテクノロジーに頼ることなく、心の触れ合いを重視したサービスがあれば良いと思う。
9	男性55-59歳	男	1	1	4	混雑時の高齢者専用電車
10	男性55-59歳	男	1	2	2	宗教を介さずに死ぬことに対する恐怖心を軽減してくれるサービス
11	男性55-59歳	男	2	1	5	高齢者向けの医療サービスやレクレーション等が充実した施設
12	男性55-59歳	男	3	2	2	日常生活の支援
13	男性55-59歳	男	3	2	1	年金生活者への公的な機関の生活資金の貸しだし
14	男性55-59歳	男	5	1	3	終活
15	男性55-59歳	男	3	1	3	若い人との交流

図 2.1 編集用データの構成

2.2 有効データの抽出

　最初のデータ編集は，分析に使う有効なデータを抽出する作業です．逆にいうと，無効なデータは除くということです．その際には，外部変数も含めて行ごと（サンプルごと）削除します．

　どのようなデータを「無効」と判断するのかは，分析者が決めるのですが，一般的には次のような場合と考えていいでしょう．

① 無記入（無回答）．

② 分からない．

③ なし，特になし，など．

④ そのほか，分析者が無効と判断したデータ．理由を記載する．

　ただし，無効と判断したデータに関しては，外部変数との関連を調べておくことも必要です．どのような特性を持っている人たちが，無記入，分からない……などの回答をしているのかについて調べ，傾向があるとか，偏っている場合には，その原因を追究します．もし依頼された仕事であれば，無効と判断したデータに関しては，内容を報告する必要があります．

　上記のような無効なデータを検索する場合には，Excel の並べ替えの機能を

利用して，整列すると便利です．もちろん，それだけでは不十分なので，ざっとデータ全体を一覧してみることも重要です．たとえば，同じ「なし」でも，ひらがなだけではなく，カタカナ，漢字交じり，などいろいろな表記の仕方で回答されている場合が多いためです．

　われわれの事例である「高齢者向けサービス」の質問に関しては，無効なデータはありませんでした．インターネット調査のため，少なくとも無記入は許容しない，といった条件をつけて調査を実施したためでもあります．回答の難しい質問，あいまいな質問などの場合には，無効となるデータが多くなる傾向があるので，質問文を設定する段階で十分に検討しておくことが求められます．

　さらに，テキストマイニングを行うという視点からは，質問文の設定に関しては，以下のような点に注意しておくのがよいでしょう．

① 「何でも自由に回答してください」という質問は極力しない．

② 肯定的な回答と否定的な回答が混在すると，後の分析が難しくなるので，別々の質問項目として設定する．

③ 上記の通り，「なし」「分からない」といった回答が多くならないように，できるだけ具体的で回答のしやすい質問にする．できればプレ調査などで何人かに試してみるのがよい．

2.3　データの置換

　有効なデータの抽出が終わったら，次は第1章で説明した，同義語などの編集，つまり，文字や記号の置換の作業です．表記の異なる同義語だけではなく，あきらかな誤入力，無用な記号，システムが読み取れない文字なども置換の対象になります．この作業は，この先テキストマイニングのソフトウェアでデータを読み込み，日本語処理をし，どのように言葉が切り取られたのかを確認する中で繰り返し実施することになります．ただし，2.2節と同様に最初の段階で一度データ全体に目を通すことで，気のつく場合もあるため，できるだけ事前に編集しておくべきです．元データとの会話がそれだけ深まり，後の分析の段階でも必ず役立ちます．

　「高齢者向けのサービス」の事例で実際に見ていきます．統一した表記・言

葉・語にできる可能性のあるものを，いくつか例示します．

① 買い物，買物，買いもの，ショッピング

② サービス，サーヴィス，セービス

③ コミュニティ，コミュニティー，コミニティー，コミュニュティ

④ スマホ，スマートフォン

⑤ 価格，値段

⑥ ゴミ，ごみ，粗大ごみ

⑦ 高齢者，老人

⑧ 支援，援助，手助け，補助，世話，お世話

　これらのうち，①から⑥までは統一すべきでしょうが，⑦と⑧などは，文脈の中で統一すべきか否かを確認してみる必要があるかもしれません．たとえば「老人ホーム」などの使われ方があるためです．慎重に検討して変換すべきか否かを決定します．

　文字列の置換作業は，Excel の［置換］の機能を使って１つずつ置き換えるのが最も初歩的なやり方ですが，Excel のマクロ機能を使えばかなり省略化できます．この点については付録 A で詳細に説明していますので参照してください．なお文字列の置換機能は，改行コードを編集する場合にも利用することができ，第３章で説明するデータの「分割読み込み」の際にも利用すること

	A	B
1	検索文字列	置換文字列
2	買物	買い物
3	買いもの	買い物
4	ショッピング	買い物
5	サーヴィス	サービス
6	セービス	サービス
7	コミュニティー	コミュニティ
8	コミニティー	コミュニティ
9	コミュニュティ	コミュニティ
10	スマートフォン	スマホ
11	値段	価格
12	ゴミ	ごみ
13	老人	高齢者
14	アドヴァイス	アドバイス
15	①	・
16	②	・
17	(笑)	

■ 改行コードを編集する場合も
［置換］機能が利用できる
（第3章および付録Aを参照）．

図 2.2 再編集のための変換対応表

ができます.

これ以降は,図 2.2 に示した新しい変換対応表によって再編集されたアンケートデータを使って分析を進めていきます.17 行目の「(笑)」は,B 列を空欄にすることによって,削除することを意味します.

3 データの読み込みと前処理

　さて，いよいよ本章から KH Coder（コラム 1 参照）を用いたテキストマイニングのはじまりです．テキストマイニングの最大のポイントは，いかに適切に分析対象となる言葉を抽出できるかにあります．ここでは分析対象データの初期入力から前処理，システム内辞書では抽出できない場合に利用する My 辞書（分析者が定義する語彙）の作り方などについて解説します．

　本章で解説する内容は，一部を除いて KH Coder の［プロジェクト］と［前処理］のメニューにある機能で実行します（KH Coder の構成は付録 E 参照）．

コラム 1　**KH Coder について**

　KH Coder は，樋口耕一氏によって開発された，非常に優れたテキストマイニング用のフリーソフトウェアです．これを利用できるわれわれは非常に幸運といえます．詳細は樋口氏の著書で読むことができますが，ここでは改めて概要を紹介することにします．

　◦KH Coder とは

　樋口耕一氏は著書（『社会調査のための計量テキスト分析——内容分析の継承と発展を目指して』ナカニシヤ出版，2014 年 1 月初版，2020 年 4 月第 2 版）のあとがきで，「KH Coder の『KH』とは，Koichi Higuchi の略ではない．Kawabata Higuchi の略である」としています．Kawabata とは，樋口氏の尊敬する指導教官である川端亮先生だそうです．いろいろな方から質問されることがあるので，あとがきから引用しました．

　◦KH Coder の特徴

　テキストマイニングの市販のソフトウェアは結構高価です．そのことからすると，KH Coder がなぜフリーソフトウェアなのか不思議です．R のように世界中の研究者がワイワイ開発したものでもありません．

- ■ **フリーソフトウェアを組み合わせたフリーソフトウェア**
  - ■ 茶筅：形態素解析
  - ■ MySql：データベース
  - ■ R：統計解析やグラフ理論による分析と視覚化
  - ■ その他
- ■ **2段階の分析**
  - ■ 探索的な分析（第1段階）
  - ■ 仮説検証型の分析（第2段階）
- ■ **その他**
  - ■ マニュアルも一緒にダウンロードされる
  - ■ チュートリアル用のデータ（夏目漱石の『こころ』（日本語版，英語版））もダウンロードされる
  - ■ 多言語対応

図　　　KH Coder の特徴

　第1の特徴は，いろいろなフリーソフトウェアを組み合わせて，自分自身もフリーソフトウェアとして提供しているということです．図の通り，テキストマイニングの肝である形態素解析，データベース機能，分析機能などすべてがフリーのソフトウェアで構成されています．形態素解析については，ほかのものを使うことも選択可能で，さらに，多言語対応のため，日本語以外の辞書に置き換えて利用することができます．

　第2の特徴は，探索的な分析だけではなく，仮説検証的な分析も可能であるという点です．2段階の分析といっています．樋口氏の KH Coder の開発目標は，実は，この点にあるようです．前記の著書の前半部で，開発の経緯や思想を詳しく知ることができます．そのことをいろいろな事例によって研究した結果も紹介されています．HP でもこの点が紹介されていますので，是非参照してください．

　そのほかにも，ソフトウェアと一緒に最新のマニュアルがダウンロードできたり，チュートリアル用の夏目漱石の『こころ』の日本語版と英語版のテキストマイニング用のデータが使えたり，多言語対応だったりと，優れた特徴があります．これらの点は改めて HP で確認してください．

3.1　データの読み込み

　分析対象のデータを Excel ファイルから読み込むときに，テキスト部と外部変数を一括して読み込む方法（一括読み込み）と分割して読み込む方法（分割

表 3.1　　　　一括読み込みと分割読み込み

	一括読み込み (3.1.1 項で説明)	分割読み込み (3.1.2 項で説明)
1.　準備するファイル	通常の Excel ファイル（ただし, 最初の Sheet から読み込むことに注意）.	・テキスト部はテキストファイル（TXT 形式）として保存. ・外部変数部はテキストファイルか CSV 形式で保存.
2.　読み込み法	読み込む際にテキスト部の項目（列）を指定する.	2 つのファイルを別々のメニューから入力する.
3.　外部変数	［前処理の実行］（3.2.2 項）の後で確認する. 追加する場合は別メニューから.	［前処理の実行］（3.2.2 項）の後で入力し, さらに確認する.
4.　サンプル区切り	「H5」	「段落」（1 サンプル 1 段落（行）として読み込む）.

読み込み）を説明します. もちろん, どちらの方法でデータを読み込んでも分析結果は同じになります.

表 3.1 に 2 つの方法の相違点をまとめました. 一括読み込みの場合は, 通常の Excel ファイル（.xlsx）の sheet から直接読み込みます. 一方, 分割読み込みの場合は, あらかじめテキスト部と外部変数を分割しておき, 別々のファイルとして読み込みます. ただし, この場合は 1 段落／1 サンプルとなるように, 1 つのサンプル（Excel のセル）内で改行がないように編集します. 編集の仕方は付録 A を参考にしてください.

各々の読み込み方法を説明する前に, 入力用のもとの分析対象データの一部を図 3.1 に再掲します. このファイルは朝倉書店 Web サイトの本書紹介ページからダウンロードできます.

▌3.1.1　一括読み込み

読み取るデータは, Excel の最初の sheet に図 3.1 のように入力されているとします. このファイルを図 3.2 のようにして KH Coder の新規プロジェクトとして設定します. ［分析対象とする列］のところでテキストマイニングの検索や分析の対象となるテキスト部（FA 部）の項目をプルダウンメニューから選択します. 図 3.1 のデータの場合には G 列の「高齢者向けサービス」が分

	A	B	C	D	E	F	G
1	No	性年代	性別	就業形態	子供の有無	家族構成	高齢者向けサービス
2	1	男性55-59歳	男	3	2	1	家事のお手伝いさん。
3	2	男性55-59歳	男	3	1	4	ネットお見合い
4	3	男性55-59歳	男	3	1	4	対話重視のサービス。
5	4	男性55-59歳	男	3	2	3	話し相手
6	5	男性55-59歳	男	3	1	4	健康増進プログラム
7	6	男性55-59歳	男	1	2	2	社会的な老々介護の仕組み。年金受給年齢になったら、一定の介護労働を義務化する。老々介護に参加しない老人には年金を減額する。
8	7	男性55-59歳	男	1	1	1	時間はあると思うので社会貢献できるサークルがあり、地域貢献できる環境があれば良いと思います。
9	8	男性55-59歳	男	1	2	3	具体的なアイディアは浮かばないが、基本的には、機械やテクノロジーに頼ることなく、心の触れ合いを重視したサービスがあれば良いと思う。
10	9	男性55-59歳	男	1	1	4	混雑時の高齢者専用電車
11	10	男性55-59歳	男	1	2	2	宗教を介さずに死ぬことに対する恐怖心を軽減してくれるサービス
12	11	男性55-59歳	男	2	1	5	高齢者向けの医療サービスやレクレーション等が充実した施設
13	12	男性55-59歳	男	3	2	2	日常生活の支援
14	13	男性55-59歳	男	3	2	1	年金生活者への公的な機関の生活資金の貸しだし
15	14	男性55-59歳	男	5	1	3	終活
16	15	男性55-59歳	男	3	1	3	若い人との交流

図 3.1 「元データ」の一部

No＝6（A列）のサンプルのテキスト部（G列）はセル内に3行の文が含まれて（改行されて）います．3.1.2項の「分割読み込み」の際には注意が必要．

析対象の項目になります．この項目以外のA列「No」からF列「家族構成」までは外部変数として扱われます．外部変数の確認方法は3.6節で説明します．また一括読み込みした変数とは別の新しい外部変数を追加することもできます（同じ変数名の場合は更新されます）が，この点についても3.6節で説明します．

　ファイル設定後のメイン画面に表示される［現在のプロジェクト］は，「Excelファイルの名称［FA部の項目名称］」という形式になり，ここで用いている事例の場合は，「高齢者向けサービス全.xlsx［高齢者向けサービス］」と表示されています（図3.2）．また，第4章以降の検索や分析の集計単位（1サンプル）は「H5」と表示されます．「H5」の意味についてはコラム1で紹介した樋口氏の著書またはマニュアルを参照してください．

■3.1.2　分割読み込み

　分割読み込みとは，テキスト部と外部変数を別々に読み込む方法です．このようにする理由は，アンケート調査のテキストマイニングではテキスト部のみ

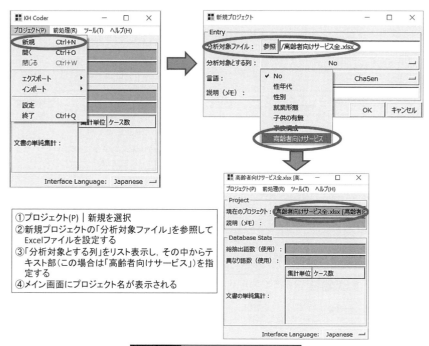

図 3.2 一括読み込みの手順

①プロジェクト(P)｜新規を選択
②新規プロジェクトの「分析対象ファイル」を参照して Excelファイルを設定する
③「分析対象とする列」をリスト表示し，その中からテキスト部（この場合は「高齢者向けサービス」）を指定する
④メイン画面にプロジェクト名が表示される

を何回も更新する場合があるためです．そこで最初にデータをテキスト部と外部変数の2つのファイルに分けます．テキスト部はテキスト形式（*.txt）として保存してください．その際，図3.3のように，1行目の項目名の行は削除し，さらに1つのセル内で改行がある場合には1サンプル1行となるように改行コードを編集します．改行コードを編集する方法は付録Aを参照してください．また，外部変数は図3.4のように，テキスト形式（*.txt）あるいはCSVファイルとして保存します．1行目の項目名はそのまま残します．

　分割読み込みの場合，第4章以降の検索や分析の集計単位（1サンプル）は「段落」（1サンプル1段落）と表示されます．一括読み込みの場合の「H5」とは異なります．

　分割読み込みの場合はテキスト部だけを最初に読み込み，外部変数は3.2節の前処理の後で別途読み込みます．新規にファイルを設定する方法は一括読み

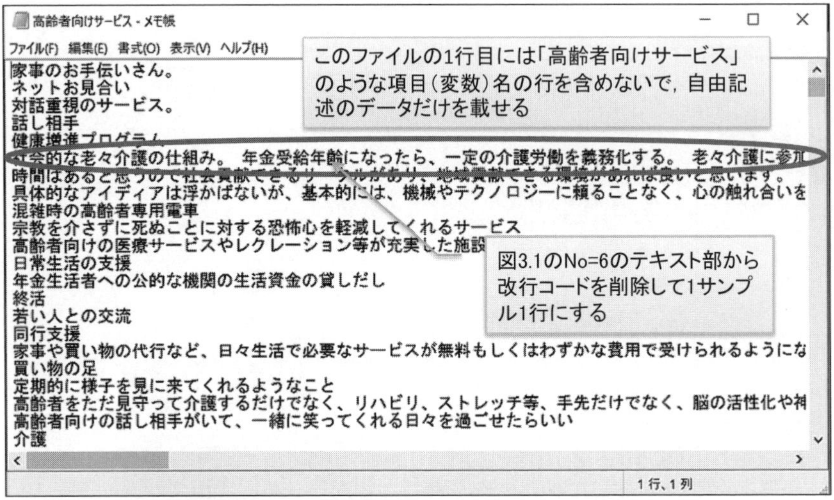

図 3.3   「高齢者向けサービス」データのテキスト部

	A	B	C	D	E	F	G
1	No	性年代	性別	就業形態	子供の有無	家族構成	
2	1	男性55-59歳	男	3	2	1	
3	2	男性55-59歳	男	3	1	4	
4	3	男性55-59歳	男	3	1	4	
5	4	男性55-59歳	男	3	2	3	
6	5	男性55-59歳	男	3	1	4	
7	6	男性55-59歳	男	1	2	2	
8	7	男性55-59歳	男	3	2	1	
9	8	男性55-59歳	男	1	2	3	
10	9	男性55-59歳	男	1	1	4	
11	10	男性55-59歳	男	1	1	3	
12	11	男性55-59歳	男	2	1	5	
13	12	男性55-59歳	男	3	2	2	
14	13	男性55-59歳	男	3	2	1	
15	14	男性55-59歳	男	5	1	3	
16	15	男性55-59歳	男	3	1	3	
17	16	男性55-59歳	男	3	1	4	

図 3.4   「高齢者向けサービス」データの外部変数

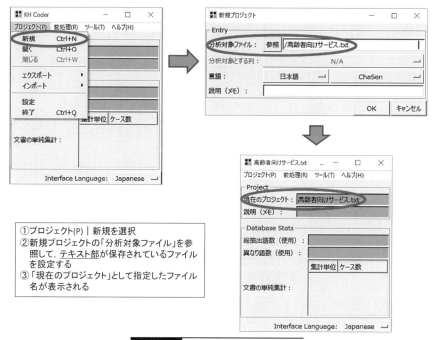

図 3.5 分割読み込みの手順

込みの手順とほぼ同様です．メニュー画面から図3.5のようにして，新規プロジェクトを開き，参照ボタンをクリックしてテキスト部を保存しているテキストファイルを指定すると「現在のプロジェクト」としてそのファイル名が設定されます．今後［プロジェクト］メニューから［開く］場合にはこのプロジェクト名を選択します．

3.2 前処理

本節から3.5節までが，一連の前処理です．狭義の前処理は，形態素解析を行って，テキスト全体から分析対象となる品詞別の抽出語を得ることです．広義の前処理は，データをチェックしたり，分析者が改めて抽出語を定義したりするなど，いろいろな処理を含みます．図3.6に前処理のメニューを示します．［テキストのチェック］から［語の抽出結果を確認］までの5つの処理が

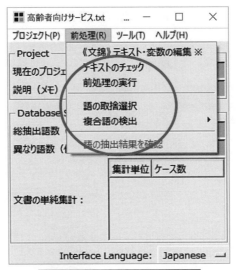

図 3.6　前処理のメニュー

あります（注：メニュー1行目の［《文錦》テキスト・変数の編集※］には有償
のアドインソフトウェアへのリンクが貼りつけられていますが本書では解説し
ませんので樋口氏の著書または KH Coder のマニュアルを参照してください）．

　ここでは，最初の2つの処理を説明します．この処理は必須です．この処理
を行った後は，ほかの前処理を行わずに，検索と分析（［ツール］メニュー）
に進むことができます．ただし，この段階ではデータ編集は未完の状態です．

■3.2.1　テキストのチェック

　読み込んだテキスト部のデータには，システムと相性のよくない文字や語が
含まれている可能性があります．KH Coder にはいくつかの制限事項がありま
す．主なものは以下のようですが，詳細はマニュアルを参照してください．

① 　原則的には，半角文字を用いないことが望ましい．特に，「<」「>」を含
　　めてはならない．
② 　改行で区切られていない1つの行ないし段落が，全角 4000 字を超えて
　　はならない．
③ 　255 文字を超える長さの語が抽出された場合には，255 文字に短縮した

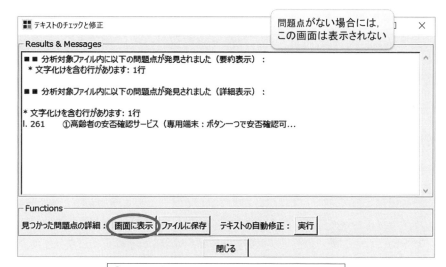

図 3.7 「テキストのチェック」の実行結果

　上で保存される．その場合はメッセージが画面に表示される．

④　EUC_JP という文字コードで定義されていない文字を含めてはならない．たとえば，「①」（全角丸数字）や「Ⅱ」（全角ローマ数字）などがあるほか，文字化けしている部分も該当する．

　図 3.7 に［テキストのチェック］を実行した結果を示します．この例の場合には，文字化けの可能性があり，その内容が画面に表示されています．実際には（編集前は）「①」「②」などの文字が入力されていました．自動的に修正する場合には［実行］ボタンをクリックしますが，おすすめの処理はもとの Excel ファイルに戻って確認し，分析者自身の判断で修正することです．あるいは第 2 章のようにして事前編集をし，変換対応表として残します．

　文字化け以外の問題が発生した場合にも，対応する警告メッセージが表示されますので，やはり，元データに戻って確認した方がよいでしょう．

■3.2.2 前処理の実行

　テキストのチェックが終了した後は，［前処理の実行］へ進みます．この処理は，システム内辞書を用いて，日本語の処理，すなわち形態素解析を行い，文書をばらして，語に分解し，分析対象の抽出語を切り出す処理です．図3.8に実行結果を示します．一括読み込みと分割読み込みの場合では若干の違いがありますが，分析対象の抽出語に関しては同じです．サンプル数は，一括読み込みの場合は「H5」，分割読み込みの場合は「段落」と表示され，これらが第4章以降の検索や分析の単位になります．

　一般に分析対象の抽出語の数は，千あるいは万単位の数になります．使用しない抽出語として，たとえば，「は」「が」「の」「を」などの助詞などがあり，テキストマイニングでは分析の対象としないことを意味しています．

　基本的にはここまでの前処理を実行すると，検索や分析が可能になります．

一括読み込み　　　　　　　　　　　　　分割読み込み

前処理を実行し，終了すると「Database Stats」として
抽出語や文書に関する情報が表示される
・分析対象の語
　　抽出語の総数：4633個
　　異なり語の数：1297個
・サンプル数：600件
　　「一括読み込み」の場合は「H5」の数
　　「分割読み込み」の場合は「段落」の数

図 3.8　　前処理の実行結果

3.3　抽出語の暫定的なリスト表示

　ここでいったん［前処理］メニューから離れて，この時点でどのような語が抽出されているのか確認してみましょう．これまでの章で説明したように，システム内の辞書を用いて日本語処理をしただけでは，分析者が考えている通りに，すべての抽出語が切り出されるとは限りません．そこで，とりあえず暫定的に，どのような抽出語が得られたのかを確認してみよう，というのが本節の目的です．ここで検討した結果を次の3.4節で生かします．本格的な抽出語の分析に関しては，次の章で説明します．

　図3.9に示されている手順でメイン画面の［プロジェクト］メニューから操作を行うと，品詞別に分類された抽出語リストをExcel上で確認することができます．図3.10はその一部です．

　抽出語の隣の列の数字は，全文書中の出現回数を表しています．たとえば，

メイン画面からの操作手順
①プロジェクト(P)
②エクスポート
③抽出語リスト(Excel向け)

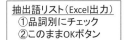

抽出語リスト(Excel出力)
①品詞別にチェック
②このままOKボタン

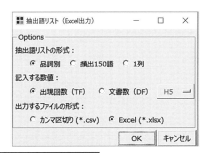

図 3.9　抽出語の一覧表示を行う操作

	A	B	C	D	E	F	G	H	I	J
1	名詞		サ変名詞		形容動詞		固有名詞		組織名	
2	高齢	115	サービス	217	必要	31	スマ	4	毎日	
3	家事	38	買い物	65	健康	19	リ	1	ハローワー	
4	自分	28	介護	63	気軽	15	姨捨	1	バ	
5	システム	20	生活	45	簡単	9				
6	ロボット	19	施設	41	安価	7				
7	病院	18	代行	39	緊急	7				
8	自宅	17	支援	34	元気	7				
9	無料	15	食事	28	自由	6				
10	場所	14	利用	26	いろいろ	4				
11	地域	14	掃除	23	孤独	4				
12	社会	13	交流	18	好き	4				
13	医療	12	仕事	18	安全	3				
14	日常	12	充実	15	個別	3				
15	保険	12	相談	15	色々	3				
16	バス	11	補助	15	普通	3				
17	話し相手	11	一緒	14	可能	2				
18	コミュニテ	10	外出	13	楽	2				
19	ペット	9	宅配	13	完全	2				
20	ホーム	9	訪問	13	気楽	2				

図 3.10　品詞別抽出語リストの一部

A 列の「高齢」は 115 回，「家事」は 38 回出現しているという意味です．はじめて KH Coder を使ってみたときには，こんなふうに文書から言葉が切り取られるのだ，というふうに驚かれるのではないでしょうか．しかしながらよく見ると，もとの文書では「高齢者」だったような気がしますし，G 列の「スマ」はもしかしたら「スマホ」なのではないか，……など，全体を見わたすと，切り出し方が疑問に思われる言葉（抽出語）がいろいろと発見できます．これに対処するのが次節で作成する「My 辞書」です．第 2 章でデータの事前編集として同義語の統一や誤入力の修正などの対象になった言葉も，この段階ではじめて発見される場合が多いのです．また，見落としにも気がつく可能性が高いです．

　リスト表示だけではなく，場合によっては，暫定的に，抽出語の分析に入ってもいいかもしれません．そこでは別の角度から同じような問題を発見できる場合もしばしばです．事前編集の漏れに気づいた場合，もとのデータを修正して，本章の冒頭から「データの読み込み」をやり直す必要がありますが，今はここまでにして先に進みます．

3.4　My 辞書の作成

さて次は，前処理全体の中で最も重要な段階に進みます．前節でも見たように，システム辞書だけでは，分析者が思った通りの「言葉の切り出し」(日本語処理) はできません．まだまだ気のついていないものが実際にはあります．こういった処理を行う機能が，前処理メニューの［語の取捨選択］と［複合語の検出］です．作業の順番としては，先に［複合語の検出］からはじめるのがいいでしょう．

■3.4.1　複合語の検出と My 辞書の作成

前節の抽出語のリストを確認した結果を頭に入れながら，再び［前処理］メニュー (図3.6) に戻って，［複合語の検出］をメニューから実行してみます．そのサブメニューが図3.11 です．

「TermExtract」は，東京大学情報基盤センター図書館電子化部門・中川研究室にて公開されている専門用語自動抽出用のモジュールというものです (詳しい内容は表示されるコメント画面を参照してください)．一方，「茶筌」はKH Coder で形態素解析を行う場合の標準辞書として使われています．どちらで実行してもいいですが，両方使って比較してみてください．図3.12 は茶筌による結果です．

前節で抽出語リストを見て疑問に思った「高齢者」や「スマホ」をはじめとして，たくさんの複合語 (と呼んでいる) リストが，出現数とともに表示されます．出現数が1回のものまで含めると相当数になります．当初の形態素解析の段階で，名詞が連続するような場合に複合語とみなす場合が多いようです．

画面左下の［全複合語のリスト］ボタンをクリックすると Excel が開きます．このファイルを書き換えて「My 辞書」を作成します．リストの中から，分析者がこの後の分析に使用すべきと判断した抽出語を残し，使用しない語は削除

TermExtractを利用
茶筌を利用

図 3.11　複合語の検出のサブメニュー

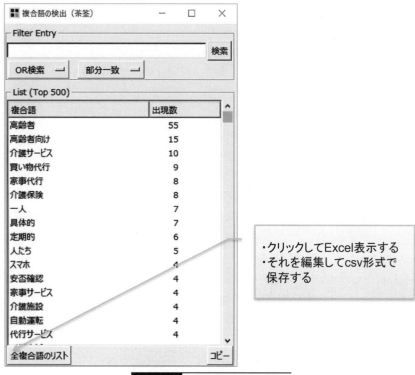

図 3.12　複合語の検出結果

します．基本的には出現数の多いものに注目します．また，リストにないもの
でも，自分自身で判断して抽出すべき複合語があれば追加してください．図
3.13 はその例です．出現数の列は My 辞書では不要なので必ず削除します．
さらに，1 行目の「複合語」というラベルの行も一緒に削除してください．ファ
イルの名称は任意ですが，ここでは「My 辞書.csv」として，ほかのデータフ
ァイルと一緒のところに保存します（注：My 辞書を作成するときに，出現数
の多いものに注目しながら……，といいましたが，第 1 章で説明したように，
少ないものが重要ではないという意味ではありません．「思いがけない発見」
が期待できるので，複合語のリスト全体にも必ず目を通してください）．

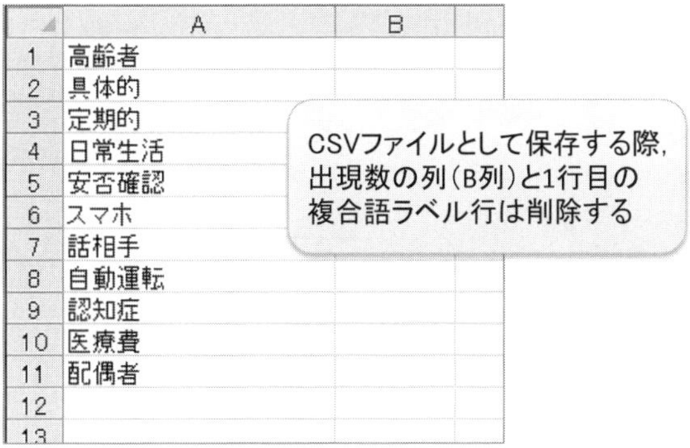

▲	A	B
1	高齢者	
2	具体的	
3	定期的	
4	日常生活	
5	安否確認	
6	スマホ	
7	話相手	
8	自動運転	
9	認知症	
10	医療費	
11	配偶者	
12		
13		

CSVファイルとして保存する際，出現数の列（B列）と1行目の複合語ラベル行は削除する

図 3.13 My 辞書

■ 3.4.2 語の取捨選択

作成した My 辞書は，システム内の辞書（標準は茶筌）と一緒に形態素解析で利用できます．そのファイルを設定するのが［語の取捨選択］メニューです．図3.14の画面のタイトルが，［分析に使用する語の取捨選択］となっているように，分析に使用する（強制抽出する）語と使用しない語をここでまとめて指定します．

取捨選択画面は3つの部分からなっています．一番左側の部分では，品詞によって使用する語を選択します．初期状態は，ほとんどすべての品詞にチェックマークがついており，分析対象になっています．3.3節で見た品詞別の一覧表示はここで役に立つわけです．ここでチェックを外すと，以降のすべての分析の対象外となります．もちろん再び分析対象として復帰させたいときは，ここに戻って設定し直せば OK です．

2番目，中央部の［強制抽出する語の指定］が，My 辞書を設定する部分です．下部の［ファイルからの読み込み］にチェックして，参照ボタンから「My 辞書.csv」を設定します．上部には入力欄があり，ファイルから読み込まないで特定の語を直接ここに入力することも可能です．しかしながら，おすすめは，やはりファイルに保存しておくことです．ほかのデータファイルとセットにして，一緒に保存しておくのがよいでしょう．

「使用しない語」を指定する場合も，同様にして一番右側の部分に設定します．ようやく前処理全体のファイル類が準備できました．

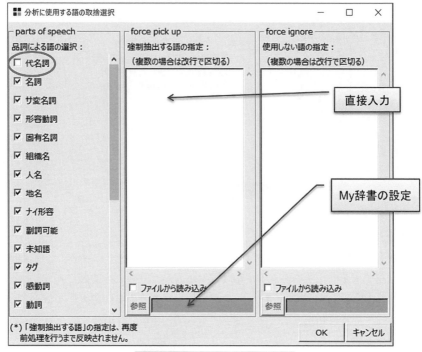

図 3.14　語の取捨選択画面

「代名詞」は初期設定では非選択になっています．本書では以降このままの設定条件で
進めています．

3.5　前処理の再実行

　［語の取捨選択］において，対象に含める語の選択や辞書ファイルの設定な
ど，何らかの変更を行った場合は，必ず，3.2.2項で説明した［前処理の実行］
をもう一度行う必要があります．ただし，［テキストのチェック］は必要あり
ません．つまり形態素解析だけを再実行するということです．My 辞書を設定
したとしても，前処理を再実行しない限り抽出語リストは更新されません．

　再実行後の品詞別の抽出語リストの一部を図3.15に示します．My 辞書内
に定義した語は，「タグ」という品詞に分類されます．図3.15ではU列です．
出現回数も併せて確認してください．また，メイン画面の「Database Stats」
部の総抽出語数や異なり語数の値も更新されます．

	O	P	Q	R	S	T	U	V
1	ナイ形容		副詞可能		未知語		タグ	
2	さりげ	2	今	20	IOT	2	高齢者	112
3	問題	2	現在	8	IT	2	安否確認	7
4	間違い	1	時間	7	デイケア	2	具体的	7
5	限り	1	近く	5	i7	1	話相手	7
6	仕方	1	場合	5	JR	1	定期的	6
7	申し訳	1	毎日	5	PC	1	自動運転	5
8			一番	4	question	1	日常生活	5
9			いつ	3	Skype	1	認知症	5
10			すべて	3	SNS	1	スマホ	4
11			たくさん	3	UR	1	医療費	3
12			日々	3	GPS	1	配偶者	3
13			今後	2	IT	1		
14			前	2	UR	1		
15			全て	2	ウェアラブ	1		
16			多く	2	エスカレエ	1		
17			あと	1	カーシェア	1		

図 3.15 前処理再実行後の品詞別抽出語リスト

3.6 外部変数の読み込みと確認

　テキスト部のデータが整った後は，性年代などの属性からなる外部変数全体をシステム内に取り込みます．図 3.16 の［ツール］メニューの［外部変数と見出し］によって行いますが，一括読み込みの場合はすでに外部変数が読み込まれており，画面上にその変数リストが表示されます．さらに新しい外部変数を追加する，あるいは分割読み込みの場合は，ここで改めて外部変数を読み込みます．画面下の［読み込み］ボタンをクリックして，そのサブメニューから3.1 節で準備した外部変数のテキスト形式（*.txt）あるいは CSV 形式のファイルを参照設定して読み込みます．

　テキスト部と外部変数のサンプル対応が正しければ，図 3.17 のように外部変数に関する情報が表示されます．一括読み込みの場合と分割読み込みの場合で［文書単位］など一部の表示が異なります．サンプル数が対応しない場合にはエラーが表示されます．外部変数内に空欄がある場合もそのようなトラブルが起こる可能性があります．併せて確認してください．

　画面左側には，変数リストが一覧表示されます．図 3.17 のように，いずれかの変数名を選択すると，右側には各カテゴリーの値とサンプル数（度数）が表示されます．高齢者向けサービスのデータでは，「子供あり」をカテゴリー

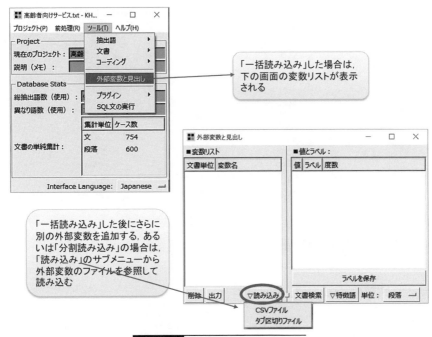

図 3.16 外部変数の読み込み

1,「子供なし」をカテゴリー2で表していますので，この場合は，「子供あり」
が472件，「子供なし」が128件であることを示しています．図3.17ではラベ
ル欄（カテゴリータイトル）が空欄になっていますが，画面上でたとえば「有」
「無」などのように入力して保存することができます．この後の分析では，こ
こで定義したラベルが表示されます．

　以上でデータの読み込みは完成です．いよいよ次の章からテキストマイニン
グの本番開始です（注：本章では Excel に入力されたアンケートデータを読み
込む方法について解説していますが，小説や新聞記事など，ここで紹介した形
式とは異なるテキストデータを KH Coder に読み込む方法については，樋口氏
の著書やマニュアルを参照してください）．

図 3.17 外部変数と見出しの表示

「一括読み込み」と「分割読み込み」の場合で，文書単位の部分など若干の違いがある．第4章以降で検索や分析を行うメニューにこの「文書単位」が示されるので注意．外部変数のラベルをここで設定することができる．

4 第1段階の分析1：抽出語の分析

　形態素解析によって品詞別の語（Word）が切り出されると，いよいよ本格的なテキストマイニングが実行できます．まずは語をさまざまな角度から眺めて，出現回数を数えたり語と語の間の関連性やその意味を探ったりする探索的な分析（第1段階の分析）を行います．その最初のステップとして本章では，抽出語方向（第1章で説明した表形式のデータの縦あるいは変数方向）からのさまざまな検索や分析方法などについて説明します．これによってデータ全体が，どのような語によって特徴づけられるのかがあきらかになります．一方次の章では，文書方向（表形式の横あるいはサンプル方向）からデータ全体の構造を調べますが，その際にも，本章で得られる語に関する情報が大変重要な役割を果たします．抽出語方向からの分析は，文書方向からの分析のためにどのような語を使うべきなのかというヒントを提供します．逆に第5章の結果から第4章の結果を再吟味する場合も起こります．そのような意味で第4章と第5

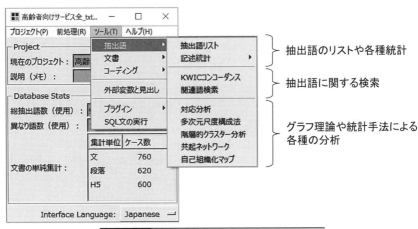

図 4.1　抽出語に関する検索や分析機能

章は，互いに補完的な関係にあります．

さて，KH Coder は，抽出語に関して図 4.1 のようないろいろな検索や分析ができます．ここから順番に説明していきます．

4.1 抽出語全体のリスト表示と集計

より正確に抽出語を切り出すために，すでに第 3 章で抽出語を確認するステップを体験しましたが，ここではほかの機能も含めて，もう少し詳しく，いろいろな視点から抽出語について確認してみましょう．

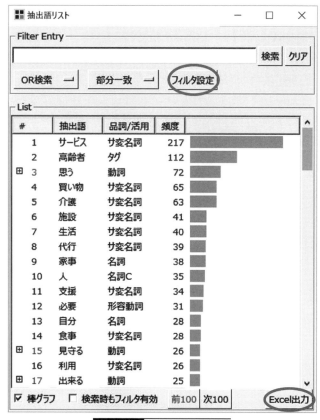

図 4.2 抽出語リスト

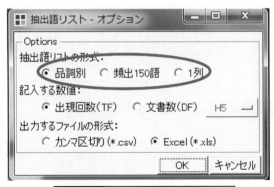

図 4.3　抽出語リストの3形式

■4.1.1　［抽出語リスト］——抽出語を頻度順に並べる

図4.1のメニューから最初の［抽出語リスト］を選択すると図4.2が開きます．すべての抽出語が頻度順に棒グラフで表示されます．グラフ上部の［フィルタ設定］から品詞などを取捨選択して表示することも可能です．

さらにグラフ下部の［Excel 出力］をクリックすると図4.3が開きます．この図は3.3節「抽出語の暫定的なリスト表示」のところで利用したものですが，ここで改めて抽出語をリスト表示する方法を詳細に解説します．

抽出語リストは，図4.3の通り，［品詞別］［頻出 150 語］［1 列］の3つの形式で表示させることができます．プレゼンテーションやレポートを作成する際には，それぞれの形式の特徴を生かして利用します．以下に高齢者向けサービスの事例で出力してみます．

コラム2　抽出語に関する注意事項と KH Coder の品詞体系

KH Coder のマニュアルから，抽出語に関するいくつかの主要な注意事項を一部引用します．詳細はマニュアルを参照してください．

① 動詞や形容詞など活用のある語を抽出する際，KH Coder はそれらの語を基本形に直して抽出する．たとえば，データ中に「買う」「買いに」「買って」「買おうと」「買えば」などの記述があった場合，「買う」が5つ出現したものとみなす．

② KH Coder は茶筌の形態素解析の結果をほぼそのまま利用しているので，品

KH Coder 内の品詞名	茶筌の出力における品詞名
名詞	名詞－一般（漢字を含む 2 文字以上の語）
名詞 B	名詞－一般（平仮名のみの語）
名詞 C	名詞－一般（漢字 1 文字の語）
サ変名詞	名詞－サ変接続
形容動詞	名詞－形容動詞語幹
固有名詞	名詞－固有名詞一般
組織名	名詞－固有名詞－組織
人名	名詞－固有名詞－人名
地名	名詞－固有名詞－地域
ナイ形容	名詞－ナイ形容詞語幹
副詞可能	名詞－副詞可能
未知語	未知語
感動詞	感動詞またはフィラー
タグ	タグ
動詞	動詞－自立（漢字を含む語）
動詞 B	動詞－自立（平仮名のみの語）
形容詞	形容詞（漢字を含む語）
形容詞 B	形容詞（平仮名のみの語）
副詞	副詞（漢字を含む語）
副詞 B	副詞（平仮名のみの語）
否定助動詞	助動詞「ない」「まい」「ぬ」「ん」
形容詞（非自立）	形容詞－非自立（「がたい」「つらい」「にくい」等）
その他	上記以外のもの

図 KH Coder の品詞体系

詞体系もそれに準じているが，分析時の利便のために若干の変更と簡略化を行っている．品詞体系を図に示す．前述の通り「タグ」とは，分析者が定義し，強制抽出した語に与えられている品詞名である．また，助詞・助動詞をはじめとする，どのような文書にも出現するであろう品詞には，すべて「その他」という品詞名を与え，オプション変更を行わない限り，分析の対象外として扱われる．ただし，「否定助動詞」は別扱いである．さらに，平仮名のみからなる語も区別して扱われる．

③ 品詞体系の変更やそのほかの辞書の利用などに関しては，マニュアルを参照．

a.　［品詞別］形式

　事前編集の際に利用した出力形式です．KH Coder の品詞区分別（コラム2
参照）に図4.4のように出力されます．名詞を先頭にして品詞ごとに，抽出語
と出現回数が，頻度の高い順に出力されます．出現回数ではなく，文書数を出
力することもできますが，通常は出現回数を出力すれば十分でしょう．たとえ
ば，「名詞」の場合は「家事」の出現回数が38回で最高です．また，「サ変名詞」
では，「サービス」が217回とダントツです．質問が「高齢者向けサービス」
に関することが原因です．ほとんどの回答者が使っていた言葉なので，分析に
使うべきかどうかを検討してもいいかもしれません．

　よく見ていくと，編集してもなおかつ納得できない抽出語や表記の揺れが存
在するのが実際です．そのようなケースで頻度が高い場合には，3.5節に戻っ
て再編集をするのがいいでしょう．また，品詞別に，1回や2回などの頻度の
少ないものにも注意しながら，すべての抽出語を見渡してください．思いがけ
ない発見があるかもしれません．

	A	B	C	D	E	F	G	H	I	J
1	名詞		サ変名詞		形容動詞		固有名詞		組織名	
2	家事	38	サービス	217	必要	31	リ	1	毎日	4
3	自分	28	買い物	65	健康	19	姨捨	1	ハローワーク	1
4	システム	20	介護	63	気軽	15			バ	1
5	向け	20	施設	41	簡単	9				
6	ロボット	19	生活	40	安価	7				
7	病院	18	代行	39	緊急	7				
8	自宅	17	支援	34	元気	7				
9	無料	15	食事	28	自由	6				
10	場所	14	利用	26	いろいろ	4				
11	地域	14	掃除	23	好き	4				
12	社会	13	交流	18	安全	3				
13	保険	12	仕事	18	個別	3				
14	バス	11	充実	15	孤独	3				
15	話し相手	11	相談	15	色々	3				
16	コミュニティ	10	補助	15	普通	3				
17	ペット	9	一緒	14	可能	2				
18	ホーム	9	外出	13	楽	2				
19	医療	9	宅配	13	完全	2				
20	手伝い	9	訪問	13	気楽	2				
21	趣味	9	旅行	12	公的	2				
22	年金	9	移動	11	手軽	2				
23	サークル	8	活動	9	重要	2				
24	ネット	8	参加	9	適切	2				
25	介助	8	同行	9	同様	2				

図 4.4　品詞別の抽出語リスト

b. ［頻出150語］形式

この形式は，図4.5のように，出現回数の多い方から150語を，1列に50語ずつ3列に並べて出力する形式です．

レポートを作成する際に，A4またはB4版1ページにちょうど収まる程度のサイズになっています．とても便利ですが，出力から除外される品詞があるので注意が必要です．除外される品詞は，「未知語」「感動詞」「名詞B」「形容詞B」「動詞B」「副詞B」「否定助動詞」「形容詞（非自立)」「その他」です．

c. ［1列］形式

品詞区分に関係なく，すべての抽出語を出現回数順に1列に出力する形式です．基本的には図4.2に示した抽出語リストと同じ機能ですが，Excelに出力して，それを分析者自身の考え方で編集して作図等ができます．図4.6は，筆者の側で一工夫を加えてB列の品詞区分の中から，フィルター機能を用いて，名詞や形容詞，形容動詞などを中心に選択して出力した例です．さらに結果を見やすくするために，C列は，出現回数に対して，Excelの条件つき書式機能

	A	B	C	D	E	F	G	H
1	抽出語	出現回数		抽出語	出現回数		抽出語	出現回数
2	サービス	217		ペット	9		世話	7
3	高齢者	112		ホーム	9		制度	7
4	思う	72		医療	9		日常	7
5	買い物	65		活動	9		費用	7
6	介護	63		簡単	9		付き添い	7
7	施設	41		作る	9		連れる	7
8	生活	40		参加	9		話相手	7
9	代行	39		手伝い	9		サロン	6
10	家事	38		趣味	9		会話	6
11	人	35		多い	9		楽しめる	6
12	支援	34		同行	9		感じる	6
13	必要	31		年金	9		嬉しい	6
14	自分	28		配達	9		行く	6
15	食事	28		来る	9		行ける	6
16	見守る	26		サークル	8		仕組み	6
17	利用	26		サポート	8		使える	6
18	出来る	25		ネット	8		持つ	6
19	掃除	23		安い	8		自由	6
20	システム	20		安心	8		集まる	6
21	向け	20		介助	8		重い	6
22	今	20		環境	8		出る	6
23	ロボット	19		現在	8		助ける	6

図 4.5 頻出150語の出力

⬚	A	B	C
1	抽出語	品詞　▼	出現回数
3	サービス	サ変名詞	217
4	高齢者	タグ	112
10	買い物	サ変名詞	65
11	介護	サ変名詞	63
12	施設	サ変名詞	41
13	生活	サ変名詞	40
14	代行	サ変名詞	39
15	家事	名詞	38
16	人	名詞C	35
17	支援	サ変名詞	34
18	必要	形容動詞	31
20	自分	名詞	28
21	食事	サ変名詞	28
23	利用	サ変名詞	26
25	掃除	サ変名詞	23
28	システム	名詞	20
29	向け	名詞	20
31	ロボット	名詞	19
32	健康	形容動詞	19
34	交流	サ変名詞	18
35	仕事	サ変名詞	18
36	病院	名詞	18
38	自宅	名詞	17
39	気軽	形容動詞	15
40	充実	サ変名詞	15

図 4.6　　抽出語を1列に出力

を利用して，セルごとに棒グラフを挿入しています．抽出語どうしや抽出語と外部変数との関連を分析する際（4.3節）には，分析対象の抽出語を品詞によって選択するケースも多いので，分析者自身がこのように絞り込んで出力する形式は利用価値が高いと思われます．

　ただし，品詞でフィルターをかけると，重要な抽出語を見落としてしまうこともあるので注意が必要です．たとえば，「する」「できる」「ある」「なる」「思う」などの動詞は問題ないのですが，「見守る」というキーとなる抽出語の一つが，図4.6の場合は出力されなくなりました．

　以上のように抽出語リストは，いろいろな形式で出力できます．抽出語の再編集だけに限らず，分析の視点からも改めて確認しておくことが大切です．

■4.1.2　［記述統計］──抽出語の基本的な集計を行う

　前項では，抽出語の出現回数や文書数をリストとともに確認することができましたが，これらについて，図4.7に示す平均値などの記述統計量を求めたり，度数分布を集計したりすることができます．高齢者向けサービスの事例を出力

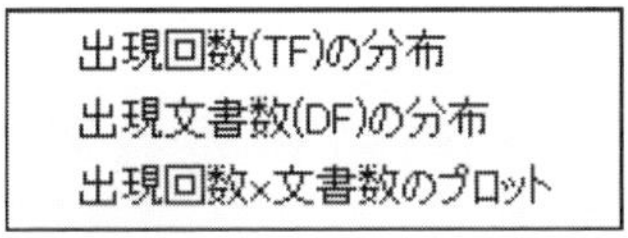

```
出現回数(TF)の分布
出現文書数(DF)の分布
出現回数×文書数のプロット
```

図 4.7　抽出語の記述統計

してみます.

a.　[出現回数（TF）の分布]

　図 4.8 は，抽出語の出現回数（TF：term frequency）に基づく記述統計量と度数分布をプロットしたものです. プロットの横軸は対数目盛になっています. 抽出語が全部で 1315 個あり，その出現回数の平均値は 3.53 回，標準偏差は 11.35 回であることが分かります. 出現回数 3 までの累積パーセントが 81.29 であることから，抽出語全体の約 80% は出現回数が 3 回以内ということも分かります. 以後の分析に使用する抽出語の集合が，全体のどれぐらいをカバーしているのかなどを確認することができます.

　さらにマニュアルでは，この度数分布表から出現回数が何回以下の語を分析から省けば，扱う語の数を例えば 5000 語以下に減らせるか，が把握できるとしています. ボリュームの大きいデータを分析するときにはこのポイントは大切です. 以降の実際の分析の際には，これらの視点を前提にしながら，試行錯誤することになります. 出現文書数（DF：document frequency）についても出現回数と同様の集計と出力ができます.

b.　[出現回数×文書数のプロット]

　この機能では図 4.9 に示すようにある抽出語の「出現回数」とその語を含む「文書数」の相関図を描きます. デフォルトでは横軸の出現回数だけが対数目盛ですが，ここでは両軸とも対数目盛にして描いてみました. 通常，出現回数と文書数の間には強い関連があり，文書数が多い語ほど出現回数も多くなる傾向がありますが（マニュアル参照），われわれの事例の場合でもまさにそのことが確認できます.

　図 4.9 を見ると同じ文書数で出現回数にばらつきが生じているケースがあります. これは同一の回答文中に，同じ抽出語が複数回出現していることを示しています. たとえば，次のような回答が典型的な例で，「サービス」や「代行」が一人の回答文の中で，複数回使われています.

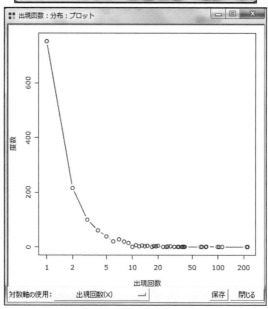

図 4.8　出現回数の集計と分布

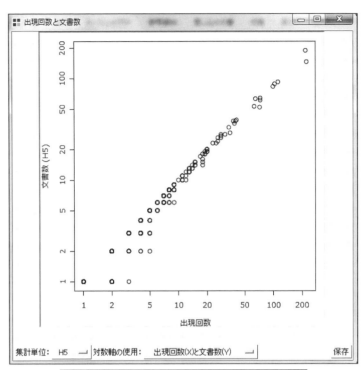

抽出語の出現回数と文書数の相関図

・「買い物への同行<u>サービス</u>. 庭木の伐採や草刈<u>サービス</u>.」

・「買い物<u>代行</u>, 掃除など家事<u>代行</u>.」

今回の「高齢者向けサービス」の事例のようなアンケート調査では, 回答者一人の回答文は比較的短いので, 図 4.9 の通り 2 つの項目の関連性は非常に強くなります.

マニュアルでは, [出現回数×文書数のプロット] に関して次のように解説しています.

> 扱うデータによってはこの関連の度合いは変化するので, 必要に応じて確認しておくとよいだろう. また, 語を用いた多変量解析（筆者注：4.3 節で解説します）を行う際に, 出現回数で語を選ぶのかそれとも文書数で語を選ぶのか…(略)…を検討するためにも, このプロットが参考になるだろう（KH Coder マニュアルより引用）.

　この記述の中で，「文書数で語を選ぶ」というのは，同じ文書の中で同じ語を何度も使っている場合でも，それを 1 回と数えることを意味しています．このプロットを利用することの効用として，マニュアルではさらに，夏目漱石『こころ』のデータ分析に関するとても興味深い結果を紹介していますので参照してください．

4.2　抽出語のさまざまな検索

　個々の抽出語の検索機能として，KWIC コンコーダンス，関連語検索について説明します．

■ 4.2.1　［KWIC コンコーダンス］——文脈内で抽出語を一覧する

　抽出語が実際の回答文の中でどのように使われているのかを探索すること

図 4.10　「サービス」の KWIC コンコーダンス

は，文脈を理解する上で非常に重要なステップといえます．このことを実現する機能が，KWIC（Key Words in Context）あるいはコンコーダンスと呼ばれる方法です．図4.10は，「サービス」を検索した結果です．検索語「サービス」を中心にして，どのような文脈の中で使われているのかを容易に把握できるようになります．

さらに，画面右下の［集計］をクリックすると，コロケーション統計と呼ばれる，以下の結果（図4.11）が得られます．抽出語「サービス」の前後のどの位置に，どのようなほかの抽出語があるのかがスコア順に整列されます．たとえば「見守る」は，「見守るサービス」のかたちで「サービス」の直前（左1）に12個出現するほか，2語後（右2）にも1個出現することを意味しています．

すなわち，「サービス」と関連する語を統計的に判断することができます．スコア計算はマニュアルに説明されていますが，左右（前後）の近い位置にあるほどウェイトが大きくなるように設定されています．したがって，スコアの

図 4.11 「サービス」のコロケーション統計

大きい語ほど検索語との関連性（後に出てくる共起性）が強いことを示しています.

　どのような「サービス」が期待されているのかが何となく見えるような気がします. なお, KWIC コンコーダンスによる検索は 4.3 節で解説する「抽出語の分析」のアウトプットからも実行することができます.

▓ 4.2.2 ［関連語検索］——共起性に基づく関連語を検索する

　KWIC コンコーダンスによる検索の場合は, ポジションによって関連性を見ることができましたが, 関連語検索の機能の場合は, Jaccard 係数（コラム 3 参照）などの共起性の尺度に基づいて関連する語を検索することができます.

▐ コラム3　共起性の尺度

　2 つの言葉の関連性を測る尺度, それは共起性の尺度といわれ, いくつか提案されています. これらはいずれも, 通常のデータ分析の相関係数に相当します. 相関係数がデータ分析の重要な尺度であったのと同様に, 共起性の尺度は, テキストマイニングにおいて最も重要で, 多変量解析などのベースになるものです. 図は代表的

┌─────────────────┐
│ 共起性の尺度 │
└─────────────────┘

2 つの用語 X（例：高齢者）と Y（例：サービス）が出現する
文書の数を次のように表す：

　　・X, Y が単独で出現する文書数 ： $n(X)$, $n(Y)$
　　・<u>どちらか一方</u>が出現する文書数 ： $n(X \cup Y)$
　　・両方が<u>同時に</u>出現する文書数　　： $n(X \cap Y)$

類似性・共起性の尺度は以下で定義される：

A) 共起頻度　　：$n(X \cap Y)$
B) Jaccard 係数：$n(X \cap Y) / n(X \cup Y)$　……　KH_Corder でよく
　　　　　　　　　　　　　　　　　　　　　　　　　　使われている尺度
C) Simpson 係数：$n(X \cap Y) / \min(n(X), n(Y))$
D) コサイン距離：$n(X \cap Y) / \sqrt{n(X) \cdot n(Y)}$

多くの場合 …… Jaccard 係数 ＜ コサイン距離 ＜ Simpson 係数

▐ **図**　　　いろいろな共起性の尺度

な共起性の尺度です.

　いずれの共起性尺度も，2 つの言葉（図では「X：高齢者」と「Y：サービス」）の共起頻度（$n(X \cap Y)$：同じ文書の中で用いられた数）を規準化した尺度で，必ず，0と1の間の数値になります．共起性が弱いほど 0 に近く，強いほど 1 に近い値になります．テキストマイニングの場合には，第 1 章に示したデータ構造の例（図 1.4）で見た通り，スパースなデータになるため，共起性の尺度は，あまり大きな数値にはなりません．KH Coder では，標準的には Jaccard 係数が用いられますが，オプションとして，そのほかの尺度を選択することも分析手法によっては可能です．Jaccard 係数は，図中に示されている通り，3 つの尺度の中では最も厳しめの小さい数値になります．なお，図中の min は最小値を表します.

　KH Coder では，多次元尺度法やクラスター分析を実行する場合には上記の尺度のほかにユークリッド（Euclid）距離も利用できます．その際，距離計算に先立って，語ごとに出現回数が標準化されます．これは語が全体に多く出現しているかどうかよりも，出現パターンに基づいて距離計算するためです（マニュアル参照).

　図 4.12 は「サービス」の関連語を検索した結果です．「高齢者向けサービス」に対する回答ということを考えた場合，たとえば，「介護」「買い物」「見守る」などが，サービスとしての意味を持つ語として理解できます.

　さらに，画面下の［共起ネット］によって，視覚的に関連性を把握することができます．これを実行する前に，隣の［フィルタ設定］によって，表示する語の総数や品詞をフィルタリングしておくのがいいでしょう（図 4.13）．とりあえずここでは，［表示する語の数］を 20 までに設定しました.

　関連語を 20 に設定して描いた共起ネットワークが図 4.14 です．図 4.12 よりもさらに「サービス」とほかの抽出語との関連性が明瞭になります．品詞によってフィルタをかけるなどの試行錯誤をしてみてもいいでしょう．この図の場合は，ほかにも調整を行っていますが，方法の詳細は次節で説明します.

　以上のように本格的な分析前にいろいろな検索を試みることが，次節以降の抽出語の分析を行う際に有効な情報をもたらしてくれます.

図 4.12 「サービス」の関連語検索

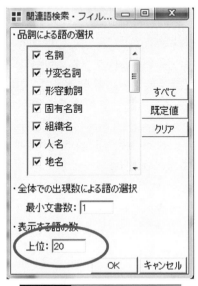

図 4.13 フィルタ設定の例

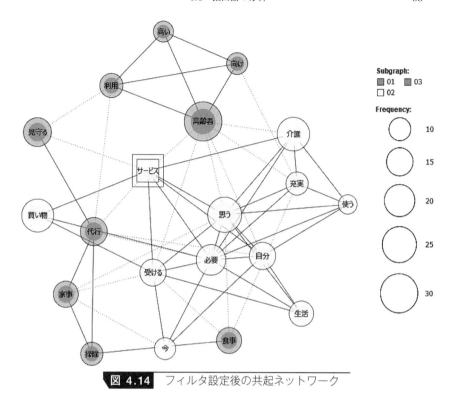

図 4.14 フィルタ設定後の共起ネットワーク

4.3 抽出語の分析

　いよいよテキストマイニングの核心部です．抽出語の分析とは基本的に，抽出語と抽出語の共起性や，抽出語と外部変数との関連性を分析することです．そして，この分析を通じて，データ全体つまり「回答者が何を言おうとしているのか」を理解する大きな手掛かりが確実に得られます．

　主要5つの分析法を事例に基づいて解説していきますが，その前に，各分析法に共通する手続きとして，分析対象とする抽出語の選択に触れておきます．

■4.3.1　共通の手続き――抽出語の選択と調整ボタン

分析前に行う抽出語の選択と，分析後の再設定を行う調整ボタンについて説明します．

a.　抽出語の選択

対応分析から自己組織化マップまでの5つの分析法に共通の手続きとして，分析に使用する抽出語をあらかじめ選択します．図4.15は，共起ネットワークのオプション設定画面ですが，画面左側の［集計単位と抽出語の選択］の部分は，分析手法に共通です．出現数または文書数の最小・最大の範囲による選択と，品詞による選択が可能です．

これらのパラメータを設定するときには，前節までの抽出語リストや統計量，各種の検索結果が大いに参考になります．品詞別にどのような抽出語があ

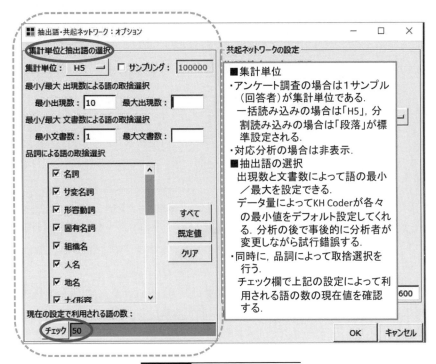

図 4.15　抽出語を選択する

るのか，いくつまでの出現回数なら対象となる抽出語がいくつぐらいあるの
か，などの情報が与えられているからです．一方，こうした情報を使わずにパ
ラメータ設定を行う方法としては，いくつかの分析手法を試行錯誤した後で決
めるというやり方があります．

　最初はシステム側でデフォルト値を設定してくれます．たとえば，図 4.15
の場合は，最小出現数は 10，最小文書数は 1 です．品詞の部分は画面では見
えませんが，スライドすると各品詞の B 区分のものなど，いくつかは分析対
象外となっています．その結果，現在の分析対象の抽出語は 50 個であること
が画面左下に表示されています．設定値を変えた場合には，［チェック］をク
リックすると抽出語の数も更新されます．とりあえず分析してみてください．

　多くの場合には，最小出現数の方をいろいろ変えてみるのがいいと思いま
す．また，ほとんどの回答者が用いているような抽出語は出現回数が多く，一
般的で分析には利用しにくいので，最大出現数による制限をすることもありま
す．品詞区分の「その他」と同様の扱いになります．……というようなことを
いろいろ考えながら分析をしてみましょう．

　ところで，この後説明するいずれかの分析手法を実行するために一度抽出語
の選択を行うと，設定した値は，ほかの分析でも維持されます．もちろん，分
析手法ごとに新規に設定することもできますが，最終的には，できるだけ共通
にするのがいいでしょう．

b. 調整ボタン

　各分析手法について，パラメータ設定画面右側の固有のオプション設定して
実行（［OK］をクリック）すると分析結果が表示されます．図 4.16 は対応分
析の実行画面の最下部を切り取って示しています．右側の［保存］［閉じる］
ボタン以外に，［調整］というボタンがどの分析にも共通で設定されています．
この機能は，一度設定したオプションのパラメータを，実行結果を見た後で再
設定して実行し直すためのものです．そのほか，図 4.16 では［カラー］ボタン

図 4.16　分析画面の下部に設定されているボタン

がありますが，これは対応分析固有のものであり，分析手法によって，事後的にいろいろな再設定機能があります．

それでは，5つの各手法について説明していきます．最初は対応分析です．

■4.3.2 ［対応分析］——クロス集計を視覚化する

図4.17は対応分析のオプション画面の右側半分だけを切り取ったものです．対応分析に関していろいろと指示する部分です．

対応分析は，クロス集計を視覚化する方法です．クロス集計は，基本的に2つの項目あるいは変数を一緒に集計して，関連性を分析する手法です．たとえば，図4.17の場合は，［分析に使用するデータ表の種類］で，抽出語と外部変数（性年代）を指定していますが，この設定は，性年代と抽出語という2つの項目を一緒に集計し，性年代によって使われる抽出語がどのように違うのかを知りたい，という目的で分析しようとしています．抽出語の数は膨大になるので，前項のようにしてあらかじめ出現回数や品詞の種類によって主要な抽出語を選んでいます．

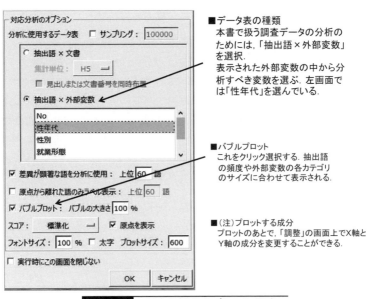

■データ表の種類
本書で扱う調査データの分析のためには，「抽出語×外部変数」を選択．
表示された外部変数の中から分析すべき変数を選ぶ．左画面では「性年代」を選んでいる．

■バブルプロット
これをクリック選択する．抽出語の頻度や外部変数の各カテゴリのサイズに合わせて表示される．

■（注）プロットする成分
プロットのあとで，「調整」の画面上でX軸とY軸の成分を変更することができる．

図 4.17 対応分析のオプション設定

　分析結果を図4.18に示します．最小出現回数を5と設定して実行していま
す．円は抽出語，四角は外部変数を表していますが，これらの図形の大きさは
各々の出現回数に対応しています．これがバブルプロットという設定です．

　この例の場合，X軸に「成分1」，Y軸に「成分2」を割り当てていますが，
成分は外部変数のカテゴリー数より1少ない数だけ求められ，一度プロットし
た後で［調整］画面から任意の組み合わせで設定できます（この辺の理論的な
内容に関してはほかの文献を参照してください）．求められた成分については，
プロットされた外部変数や抽出語の配置を見て分析者が解釈します．たとえば
図4.18の場合には，成分1（X軸）はプラス方向に男性のカテゴリーが集ま
り，マイナス方向には女性のカテゴリーが集まっているので，性別を区別して
いるといえます．同様に，成分2（Y軸）は女性の年代別の特徴を表している

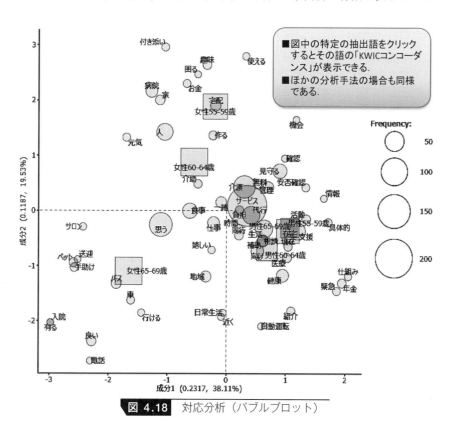

図 4.18　対応分析（バブルプロット）

といえるでしょう．このように成分は，それぞれ異なる特徴を持ちますが，ど
のような意味を持つのかについては分析者が事後的に解釈を試みます．また，
軸ラベルの括弧内の数値 38.11％や 19.53％は各成分の持っている情報の大き
さを表しています．すべての成分について合計すると 100％となるような相対
的な大きさを表し，大きい方から成分 1，2，…と求まっています．そこで，
通常は最初の 2 個あるいは 3 個の成分で特徴を考察します．

　改めて図 4.18 を見てみましょう．対応分析は前述の通りクロス集計に基づ
いて分析し視覚化され，関連性の強い項目ほど近くに，弱いほど遠くに配置さ
れるという特徴があります．図 4.18 を見ると，外部変数のカテゴリーを表す
四角形が分散しています．X 軸方向に男性と女性が広がっていることから，
性別による違いがあることを示しています．また，男性の場合はどのカテゴリ
ーもほぼ同じ位置に集中しているので年代別の違いが小さいのに対して，女性
の場合は 55 歳代から 65 歳代まで Y 軸方向に分散しているので違いが大きい
ことを表しています．性年代の各カテゴリーの特徴は，近くに配置されている
抽出語から確認できます．たとえば女性 65 歳代の場合は「バス」「車」「送迎」
など足回りの高齢者向けサービスを望む声が多いことが分かります．

　抽出語の数が多くなると四角や円が重なり合って，視覚化したとしても特徴
がよく把握できない場合もあります．そこで分析に使用する抽出語を再設定し
たり，プロットする成分の組み合わせを変えたりするなど，試行錯誤しながら
外部変数と抽出語の関係を調べてみてください．

　図 4.19 にバブルプロットを設定しない場合を示します．頻度の情報は失わ
れますが，抽出語や外部変数の位置関係は明瞭になります．バブルプロットで
見えにくかった部分を確認するなど，使用目的に応じて利用してください．

　前述の通り，出力画面の下部に［調整］ボタンがありますので，事後的に各
パラメータの設定を変更できます．また，ほかにもフォントやプロットのサイ
ズの変更も可能です．

　対応分析によって，ここでは外部変数と抽出語の関係を見ましたが，同様の
分析を後で説明する共起ネットワークによっても行うことができます．後で違
いを比較してみましょう．

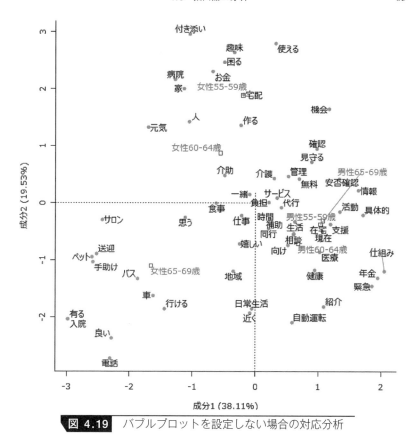

図 4.19　バブルプロットを設定しない場合の対応分析

■4.3.3　［多次元尺度構成法］──抽出語どうしの共起関係を視覚化する

　多次元尺度（構成）法は，選択した抽出語の間の共起関係をもとに距離を計算し，その関係をできるだけ保持するように2次元または3次元の空間に配置する手法です（KH Coderは1次元も選択できますが，通常は2あるいは3次元で描きます）．距離を基準にするために，対応分析と同様に，各々の軸は目盛つきです．

　図4.20に多次元尺度法の設定画面のうち，右半分だけを示しました．最初は方法と距離設定が求められますが，標準的なデフォルト値のままでいいでしょう．慣れてきたらほかの方法も試してみてください．多次元尺度法にはいくつかの方法があり，また，距離あるいは共起性の計算にもいくつかの方法があ

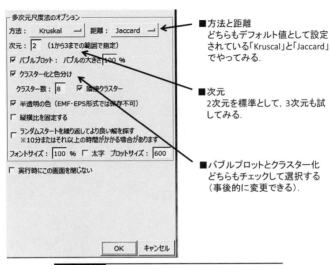

図 4.20　多次元尺度法のオプション設定

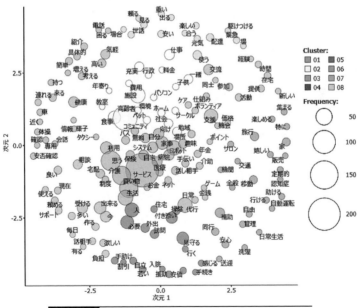

図 4.21　多次元尺度法の実行結果（出現回数5）

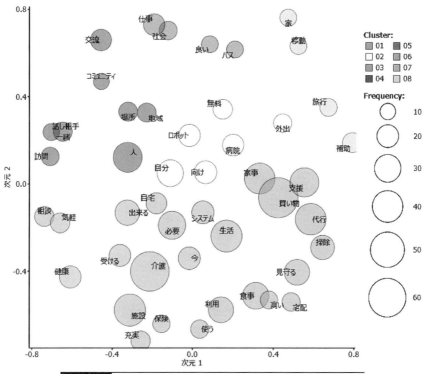

図 4.22 出現回数を 10〜70 にした多次元尺度法の結果

ります．共起性については，コラム 3 で概説した通りです．

　［バブルプロット］と［クラスター化と色分け］にもチェックして，出現回数を 5 として実行した結果を図 4.21 に示します．［クラスター化による色分け］に関する詳細はマニュアルを参照してください．さらにこの場合には［隣接クラスター］というオプションの使用も可能です．マニュアルではこのオプションに，多次元尺度法によるプロットの解釈を助ける効果があるとしています（クラスター化については 4.3.4 項参照）．この点は図 4.21 やそれに続く図 4.22 の結果で確認できるでしょう．

　ところで，選択された抽出語の数が 150 語を超えると警告が出ます．100〜150 語程度が推奨されています．多すぎると抽出語が重なるなど混雑して関係性が見えにくくなるようですが，ここではやや強引に続行してみました．

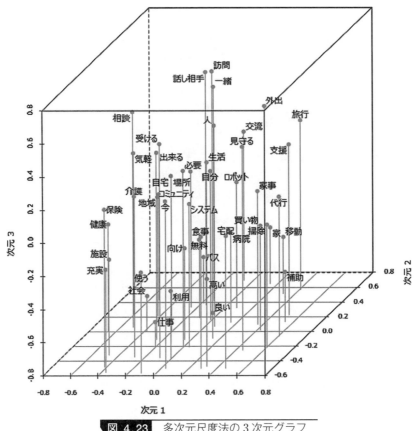

図 4.23　多次元尺度法の3次元グラフ

　この場合の抽出語の数は 164 個なのですが，クラスター化による色分けがな
されているとはいうものの，確かに数が多すぎてなかなかポイントを掴むこと
が困難です．「高齢者」「サービス」「思う」などの一般的な語や出現数の少な
いものを除外してみましょう．抽出語を選択する基準として下限を 10，上限
を 70 に再設定して実行した結果が図 4.22 です．

　この場合の抽出語の数は 47 個となり，前のケースの3分の1程度に減るの
でかなり見やすくはなりますが，細かい情報は除かれてしまうので注意が必要
です．ほかの設定でも試してください．それでも，この図から「高齢者サービ
ス」として求められているテーマのいくつかを想像できます．たとえば，買い

物や家事の支援，食事の宅配，介護と施設に関するもの，病院やロボットの利用，社会・仕事や地域とのつながり，相談や話し相手の必要性などではないでしょうか．もう少し抽出語の下限値を下げると，さらに細かい点についてのテーマが見つかるでしょう．

　同じ設定条件で，3次元グラフを描いてみました．図4.23です．3次元空間を想像しながら見てみると大変興味い考察ができます．「高齢者向けサービス」について，いろいろなテーマを探索してください．

　2次元の場合以上に抽出語を絞って分析するのがいいでしょう．基本的にどちらの場合にも Ward 法というクラスター分析が行われていますが，オプションがある場合とない場合では距離計算に用いられるデータが異なっています．対応分析の場合と同様に条件をいろいろ変えて試行してみてください．

　ここまでの分析からだけでも，だんだんとデータ全体の構造が見えてきたのではないでしょうか．

■4.3.4　[階層的クラスター分析]──似たものどうしをグループ化する

　多次元尺度法の中でも利用されていたクラスター分析を独立して利用することができます．クラスター分析とは，対象間の類似度または距離に基づいて，似ているものどうしをいくつかのグループに分類する手法です．大きく分けると階層的クラスター分析と非階層的クラスター分析があります．KH Coder の場合は，階層的クラスター分析が適用されます．この手法の特徴は，最終的にデンドログラムあるいは樹形図と呼ばれる結果が示されることです．これまでの手法同様に結果が視覚化して得られ，非常に解釈がしやすくなります．

　図4.24にクラスター分析のオプション設定画面を示します．クラスター分析に関して，方法も距離計算も3種類から選択できますが，方法は Ward 法，距離計算は Jaccard の方法が標準設定されています．これらの設定で分析してみてください．ほかの方法も試してそれほど違いがなければ特に変える必要はありません．なお，距離計算の方法はコラム3を参照してください．また，非階層的クラスター分析の各方法については参考書などを参照してください．

　また，クラスター数は Auto 設定になっていますが，一度実行してみて，1つのクラスター内の対象数（抽出語の数）が多い場合には，クラスター数を増やして再試行してみてください．色分けの指定は標準設定にします．

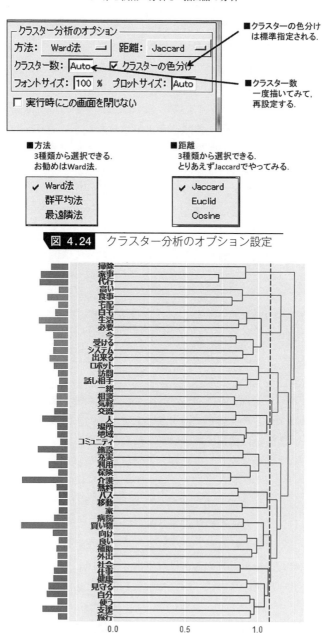

■方法
3種類から選択できる。
お勧めはWard法。

■距離
3種類から選択できる。
とりあえずJaccardでやってみる。

図 4.24　クラスター分析のオプション設定

図 4.25　クラスター分析の結果

　多次元尺度法の設定をそのまま維持して（出現回数 10〜70）実行した結果
を図 4.25 に示します．ただし，実行画面の左下の［調整］ボタンをクリック
してクラスター数は「Auto」から 10 に再設定しました．1 つのクラスター内
の抽出語が多かったためです．この図がデンドログラムですが，左側の棒グラ
フは抽出語の出現回数を，横軸の目盛は，クラスター間の非類似度（距離）を
表しています．階層的クラスター分析は，非類似度の小さいクラスターを一つ
ひとつ併合するプロセスを繰返し，最終的には 1 つに併合されます．

　一般的なデンドログラムには図左側の頻度に対応する棒グラフの表示を行う
ことはあまりありません．それだけこの図は情報が多く，対応分析や多次元尺
度法のバブルプロットと同様の情報が得られることになります．テキストマイ
ニングでは出現回数はとても基本的で重要な指標だからです．

　この図を前の 2 つの分析手法の結果と併せて考えると，さらにテーマが明瞭
に見えてきました．買い物や掃除あるいは食事などの日常生活の支援，介護や
保険の問題，話し相手や相談そしてコミュニティの必要性，見守りのサービス
などのテーマがありそうです．

　実行画面の［調整］の隣の［併合水準］ボタンをクリックしてみましょう．
出力を図 4.26 に示します．

　デンドログラムの横軸の目盛の非類似度をここでは併合水準として縦軸に割
り当て，クラスター併合の段階を横軸にとります．つまりグラフが右へ進むほ
どクラスター数（プロット内部の数値ラベル）は減っていきます．併合プロセ
スとして，非類似度とクラスター数との関係を見ることができます．クラスタ
ー数が 10 個より少なくなる辺りから非類似度がグッと大きくなっています．
クラスター数を決める一つの手掛かりとなるでしょう．実際，クラスター数を
「Auto」設定で実行すると 7 個が選択されました．

▆ 4.3.5　［共起ネットワーク］——共起関係のネットワークを描写する

　共起ネットワークは，テキストマイニングにおいては，最も強力な分析手法
です．簡単で直観的にとても分かりやすいという点でも優れています．設定の
仕方によっては，これまでの 3 つの分析手法の目的をすべて達成できます．

　共起ネットワークは，抽出語間の共起性と抽出語と外部変数の間の共起性を
分析することができます．前者は多次元尺度法に，後者は対応分析の機能に対

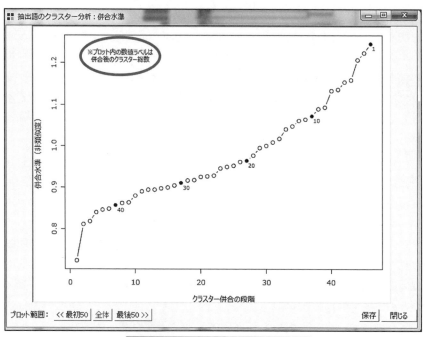

図 4.26 クラスターの併合水準

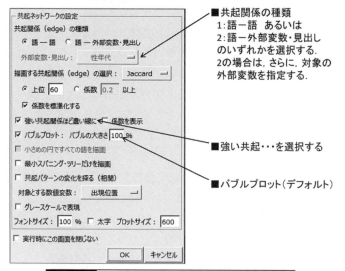

図 4.27 共起ネットワークのオプション設定

応します．ただし，共起ネットワークの結果には，軸の目盛がありません．出現回数は図形（円や四角）の大きさに比例するのはこれまでのバブルプロット機能と同様ですが，共起性・関連性の強さは図形の位置や近さではなく，線で接続されているか否かとその太さで表現されます．これらはオプションで設定できます．見た目の解釈のしやすさに大変優れています．

図 4.27 に共起ネットワークのオプション設定画面を示します．2 種類の共起関係を分析してみましょう．

a. 抽出語の共起ネットワーク

共起関係の種類として，［語－語］を選択することによって，抽出語間の共起性を分析することができます．

図 4.28 は出現回数を 10～70，図 4.29 は 5～70 として分析した結果を示しています．どちらもサブグラフ表示（コラム 4 参照）による色分け，クラスタ

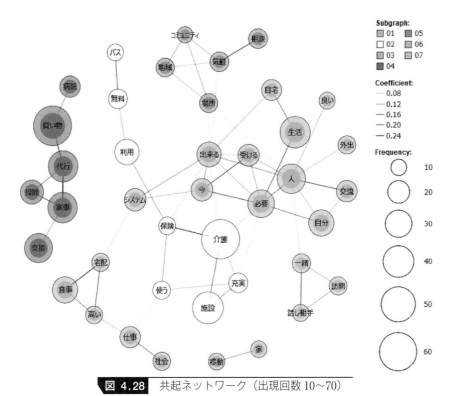

図 4.28 共起ネットワーク（出現回数 10～70）

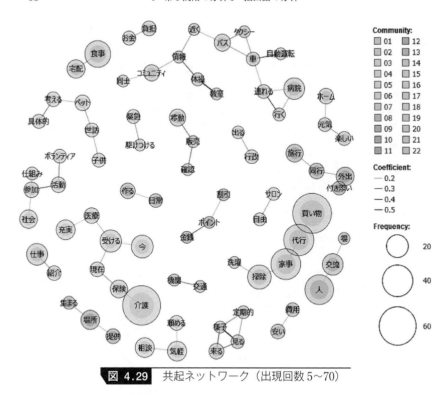

図 4.29 共起ネットワーク（出現回数 5～70）

一化をしています.

　対応分析や多次元尺度法は目盛があり，図形の重なりが生じて混雑していま
したが，共起ネットワークの場合はその点が解消され，抽出語が多くなっても
比較的解釈は容易です．したがって，「高齢者向けサービス」に関して，これ
までよりもさらにきめ細かいテーマまで拾い上げることができます．

　共起ネットワークの分析で注意すべき点があります．それは「共起性」の分
析を行うのが目的であるために，「出現回数」が多くても，「共起性」が低い抽
出語は表示されない，という点です．たとえば図4.28や4.29では，「見守る」
という抽出語が含まれていません．図4.29の下部に「定期的」「様子」「見る」
「来る」などは「見守る」とほぼ同様のことをいっているのでしょうが，「見守
る」自身は単独で出現するケースが多いため共起性が低く，図には表示されな
かったわけです．ほかにもあるかもしれませんので注意が必要です.

サブグラフ

共起ネットワークのオプション設定を実行すると，画面下に分析に共通の［調整］ボタンの隣に［サブグラフ検出（modularity）］というボタンが表示されます．クリックすると図のサブメニューが表示されます．

中心性（媒介）
サブグラフ検出（random walks）
✓ サブグラフ検出（modularity）

図 ． 「サブグラフ検出（modularity）」のメニュー

これらは「色分け」するためのオプションですが，この点に関しては以下にマニュアルから一部分を引用しますので参考にして有効に利用してください．

「中心性（媒介）は社会ネットワーク分析でいう「中心性」による色分けであり，それぞれの語がネットワーク構造の中でどの程度中心的な役割を果たしているかを示すものと考えてよいだろう．黄色よりも青色の方が，中心性が高いことを示す．（略）

…比較的強くお互いに結びついている部分を自動的に検出してグループ分けを行い，その結果を色分けによって示す「サブグラフ検出」である．（略）

上述の中心性にせよサブグラフ検出にせよ，あくまで機械的な処理の結果であるから，色分けには必ず重要な意味があるはずだと考えて深読みをするのではなく，グラフを解釈する際の補助として利用することが穏当であろう（KH Coder マニュアルより引用）」．

b. 抽出語と外部変数の共起ネットワーク

共起関係の種類として，［語－外部変数・見出し］を選択することによって，抽出語と外部変数の関係性を分析することができます．この場合には，分析対象の外部変数を具体的に指定する必要があります．「高齢者向けサービス」の場合は図 4.30 の外部変数の中から選択します．

外部変数の中から「性年代」を選択して描いた共起ネットワークが図 4.31 です．そのほかのオプションパラメータは前項と同様にしています．四角が性年代のカテゴリーを表しています．

性年代の 6 個のカテゴリーに囲まれている抽出語は，複数の性年代に共通の

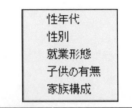

図 4.30 外部変数の指定

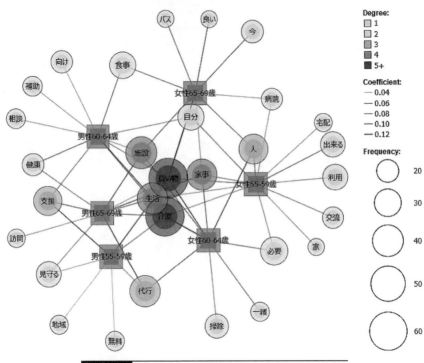

図 4.31 「性年代」と抽出語の共起ネットワーク

関心事となる中心的なテーマといえます．「買い物」「介護」に関連するテーマ
が該当します．図の周辺部に布置されている抽出語は特定の性年代カテゴリー
とのかかわりが強いテーマといえます．たとえば，女性55歳代の場合は，「交
流」「宅配」，一方男性の多くは「見守る」「支援」といった抽出語とのかかわ
りが強いことが分かります．対応分析の結果（図4.18）と比較すると図形の

重なりが少ない分だけ違いが明瞭に読み取れる感じがしますが，表示される抽出語が必ずしも同じにはならないので，併せて検討してみるのがいいでしょう．

■4.3.6 ［自己組織化マップ］──抽出語を自動分類する

　最後は自己組織化マップの作成ですが，この手法は十分時間のあるときに実行してください．図4.32は自己組織化マップのオプション設定画面です．標準設定のデフォルト値のまま実行してみます．ただし，抽出語の出現回数は10〜70としています．対象の抽出語は47個です．

　筆者の手元にあるパソコン（Windows 10，CORE i 5）で実行すると20分を要しました．オプション画面にもコメントされている通り，分析対象の抽出語の数によって相当の時間が必要となるようです．結果を図4.33に示します．

　オプション設定における「描画の形状：6角形」「1辺のノード数：20」「クラスター数：8」と実行画面を比較すると意味が分かるかと思います．6角形のノードが縦横ともに20個，全体では400個のノードが配置されていて，その中に抽出語が布置され，さらに境界線で8個に色分けされていることが確認できます．多次元尺度法のような目盛はありませんが，抽出語間の距離（ユークリッド距離で計算されている）に基づいて，関連の度合いに応じた配置がなされ，クラスター化が行われると考えていいでしょう．［ノードのクラスター化］というオプションは，このように色分けしたり境界線を描いたりすること

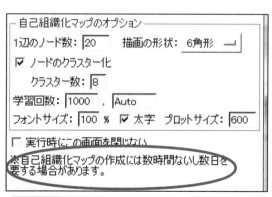

図 4.32 自己組織化マップのオプション設定

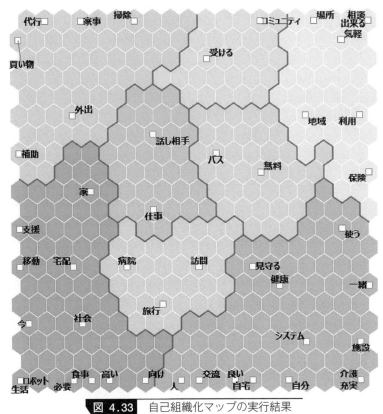

図 4.33　自己組織化マップの実行結果

で，自己組織化マップの解釈を助ける機能であるとされています（マニュアル参照）．

　自己組織化マップの意味や利用法については本書の解説の範囲を超えるので割愛します．関心のあるみなさんは参考書などで調べてみるとよいでしょう．

　クラスター分析と同様の目的で利用でき，視覚的には興味深い結果が得られますが，実行時間には難点があります．ノード数を増やすと学習に要する時間が劇的に長くなるので，KH Coder では，その数は 20 から 30 程度に抑えるのが現実的であるとされています．

　以上 5 種類の分析方法について説明してきましたが，いずれも抽出語間の共起性や外部変数との関連性を検討するためのアウトプットを視覚的なかたちで

得ることができました．たぶん特別の知識がなくても分析結果が物語る内容は理解できたのではないでしょうか．そして本章の目的である抽出語方向からのデータ全体のテーマが絞り込まれてきたのではないでしょうか．第5章の文書方向（サンプル方向）からの検討結果と併せて，第6章の仮説・テーマの設定と分析へと進んでいくことができます．

　なお，本章で解説した 4.3.2 項の対応分析と 4.3.5 項 a の共起ネットワークは，いずれも外部変数と抽出語のクロス集計に基づいています．クロス集計をExcel のマクロを用いて行うやり方を付録 B で補足します．また，7.1 節のテキストマイニングの事例は，抽出語の検索や共起ネットワークを利用して分析しまとめられたものです．この例からも分かる通り，本章で解説した手法はテキストマイニングの中でも最も基本的で，しかも大変有効な手法といえます．

5
第1段階の分析2：
文書の分析

　第1段階の分析のもう一つの柱は，文書方向あるいは表形式のデータの横方向からの検索や分析です．本書ではサンプル別の検索や分析を意味しています．

　基本的には，使われている抽出語に基づいて，類似した考えの回答者をグループに分類し，データ全体を総合的に理解することが目的となります．第4章も同じ目的なのですが，本章では横方向から切り込んでみる，というかたちになります．横方向から切り込むためには，第4章の縦方向から分析して得られた情報がとても役に立ちます．

　このような目的を達成するためのツールを見てみます．図5.1は，ツールメニューの2番目の項目［文書］のサブメニューです．

　本章では，上から2つ目までの機能を利用しながら，文書方向・サンプル方向からの検索や分析について説明していきます．なお，3つ目の「ベイズ学習による分類」については，付録Cで解説します．

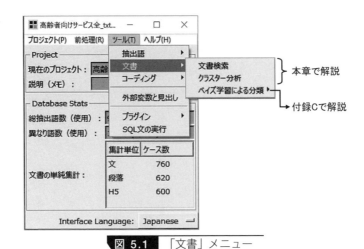

図 5.1　「文書」メニュー

5.1 ［文書検索］——抽出語の組み合わせで文書を検索する

　第4章のいろいろな検索や分析機能を利用して，データ全体を理解する上でのキーになりそうな抽出語を見出すことができました．本章の文書検索とは，単独の抽出語だけではなく，いくつかの抽出語を論理演算子（and, or, not）で組み合せて，より深く文書方向・サンプル方向からの情報を導き出すために行う検索です．

　図5.2は，文書検索の指示を行う画面です．画面下部の［Result］という窓は，検索結果を表示する部分です．上部は検索条件を設定する部分です．ここで抽出語を具体的にどのように組み合わせるのかを定義することになります．もちろん単独の抽出語を含む文書の基本的な検索も可能です．

■5.1.1　検索条件の設定

　検索条件の設定には3つの方法があります．1つ目は図5.2のように［直接

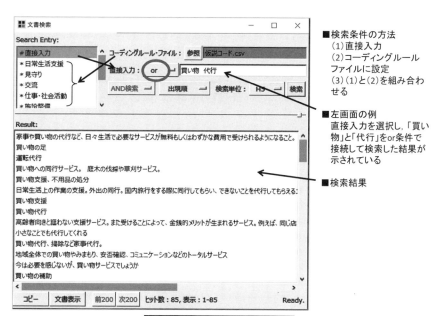

図 5.2　文書検索の画面

図 5.3　抽出語の接続条件

入力］機能を使うやり方です．2つ目は，検索条件を「コーディングルール・ファイル」と呼ばれる外部ファイルに作成して，それを参照するやり方です．図5.2の場合は，そこで設定した条件名（コード）が［Search Entry］という窓にたとえば「＊日常生活支援」「＊見守り」などのように示されています．この方法は，次の第6章で非常に重要な役割を果たすことになるので，詳細はそこで改めて説明することにします．また，3つ目のやり方として「直接入力」と「コーディングルール・ファイル」とを組み合わせて検索することもできます．ここでは［直接入力］について，もう少し詳しく見ていきます．

　［直接入力］の場合，検索対象となる抽出語を単一で設定するか，あるいは複数の抽出語を以下の条件（図5.3）で組み合わせることができます．最初の2つは問題ないと思いますが，3番目の「code」というのは，いくつかの論理演算子を組み合わせて，より複雑な条件で検索する場合に使います．たとえば，and条件とor条件を組み合わせて以下のような条件設定で検索できます．

（買い物 and 代行）or 家事

　この条件では，「買い物」と「代行」を同時に含むデータか，「家事」を含むデータが抽出されます．コーディングルール・ファイルとは，実はこのような条件をあらかじめファイルに作成したものなのです．

　ところで，図5.2の例は，2つの抽出語「買い物」と「代行」をorで接続し

買い物 or 代行

として検索した結果を示しています．「買い物」または「代行」を含む文書がすべて表示されています．第4章で注目された抽出語をこのように組み合わせて条件設定すると，具体的な文書の内容を詳しく見ることができます．

■5.1.2　結果の表示方法

　図5.2の［直接入力］窓の下に［出現順］という設定ボタンがあります．検

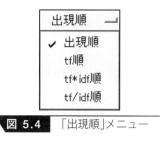

図 5.4 「出現順」メニュー

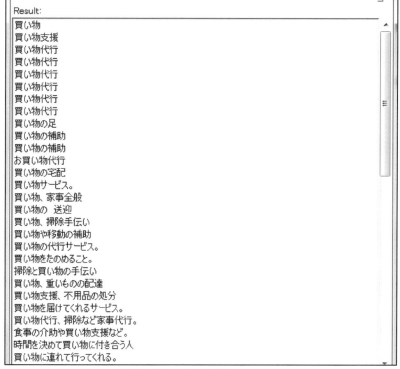

図 5.5 tf 順で出力

索条件に該当した文書を表示する順番は，標準設定ではサンプルの並び順に表示する［出現順］となっています（図5.4）．

［出現順］以外のオプションとして，典型的なものから順番に出力する機能があります．「典型的」の基準として，tf や idf という指標が用いられていま

す．これらの定義についてはマニュアルでは次のように説明されています（式の部分は略）．

　　　tf(d, t)とは，ある語 t が文書 d の中にあらわれる回数を，文書 d の長さで除したものである．よってある語 t が文書中に出現する回数が多ければ多いほど，また文書が短ければ短いほど tf(d, t)は大きな値をとる．

　　　また，idf(t)値は，ある語 t を含む文書数が多いと小さな値をとり，文書数が少ないと大きな値をとる指標で，全文書数を語 t を含む文書数で除した値の常用対数値である（KH Coder マニュアルより引用）．

　定義式はやや複雑ですが，基本的には単純なかたちの文書から順番に出力されます．図5.5に「買い物」を単独で含む文書を検索し，［tf 順］の出力結果の一部を例示しました．「買い物」を含んでいる文書が典型的かつ単純なものから，より複雑なものへと順に出力されることが分かります．

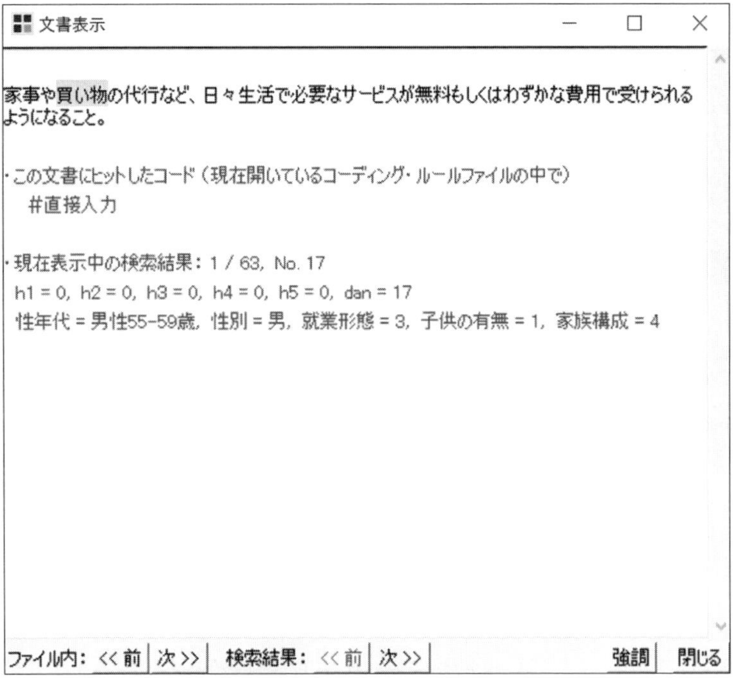

図 5.6　特定文書の詳細表示

■5.1.3　文書（サンプル）の詳細表示

　検索表示された文書の詳細情報を確認することもできます．1つの文書を選択して画面最下部にある［文書表示］をクリックすると，たとえば図5.6のような画面が開きます．

　もとの文書を示すとともに，検索条件の抽出語が色づけされて表示されます．また，当該文書の外部変数の情報やコーディングルール・ファイルに設定した条件に関しての情報も確認することができます．これにより，どのような回答者が答えている内容なのかを詳細に知ることができます．第6章では，この辺のことも含めて，全体像を分析できるようになります．

5.2　［クラスター分析］——類似の回答をグループ化する

　第4章では共起性という指標により類似した抽出語をグループ分けするクラスター分析を説明しましたが，ここでは類似した回答をしている文書・サンプルをグループ分けする方法を考えましょう．類似した回答とは，共通の抽出語を含む文書・サンプルということでもあるので，ここで解説するクラスター分析は，同じデータを第4章とは異なる角度から見直してみる，ということでもあります．

■5.2.1　クラスター分析のオプション設定

　図5.7に文書のクラスター分析のオプション画面を示します．クラスター分析のオプション設定は主として3つの部分からなります．1つ目は，抽出語のクラスター分析の場合と同様に，語に関する設定です．出現回数や品詞による設定を行います．注意すべき点としては，最小出現回数を大きくすると分析の対象から除外される文書（サンプル）が多くなることです．除外された文書数は，分析結果に「分類不可」と表示される数値で確認できます．2つ目の設定は，クラスター化の方法と距離の定義です．クラスター化の方法は4種類の中から選べますが，標準設定の Ward 法でまずはやってみるといいでしょう．また，距離計算に関しても3種類の中から選べますが，この場合も標準設定のJaccard の方法で実行してみましょう．3つ目はクラスター数の設定です．抽出語のクラスター分析の場合には最初は「auto」という設定になっていて，内

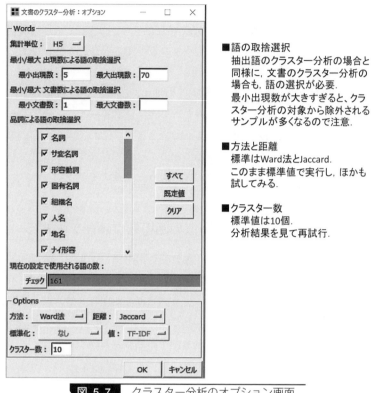

■語の取捨選択
　抽出語のクラスター分析の場合と
　同様に，文書のクラスター分析の
　場合も，語の選択が必要．
　最小出現数が大きすぎると，クラ
　スター分析の対象から除外される
　サンプルが多くなるので注意．

■方法と距離
　標準はWard法とJaccard．
　このまま標準値で実行し，ほかも
　試してみる．

■クラスター数
　標準値は10個．
　分析結果を見て再試行．

図 5.7　　クラスター分析のオプション画面

部的に自動設定するかたちでしたが，文書の分析の場合には分析者が決める必
要があります．図5.7の例では10が設定されています．分析結果を見て，文
書数に偏りがある場合には，クラスター数を変えて再実行してみてもいいでし
ょう．

■5.2.2　クラスター別文書数と併合過程

　分析を実行するとクラスター別の文書数と併合過程が図5.8のように表示さ
れます（丸印をつけた［文書検索］と［特徴語］は次項で説明します）．

　画面左側は，クラスター別の文書数が示されています．最初の行には「分類
不可」が56件あること，8番目のクラスターに相当数の文書が集中している

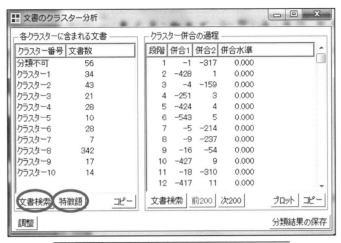

図 5.8 クラスター別の文書数と併合過程

こと，逆に該当文書が10個以下しかないクラスターもあることなど確認でき
ます．クラスター数を変更して再トライしてみてもいいでしょう．

　一方右側には，クラスターの併合過程が示されています．マイナスのついた
数値は文書（サンプル）番号を表します．たとえば段階1は，1番目の文書と
317番目の文書が併合されたことを意味しています．また，マイナスのついて
いない数値は，その数値が示す段階で併合されたクラスターであることを表し
ます．たとえば段階2は，428番目の文書が第1段階でできたクラスターに併
合されたことを表しています．全体の併合過程を図示するには，画面右下の
［プロット］をクリックします．図5.9に結果を示します．

　抽出語のクラスター分析の場合と同様ですが，横軸に併合の段階，縦軸に併
合水準が割り当てられています．図5.9は，最後の50段階（画面下のプロッ
ト範囲で設定）のみ示していますが，クラスター数が10個よりも少なくなる
辺りからクラスター間の併合水準（非類似度）が急に大きくなることが分かり
ます．10個というクラスター数の妥当性を物語っているといえるでしょう．

■5.2.3　クラスター別文書検索と特徴語の表示
　クラスター別に実際にどのような文書がグルーピングされたかを確認するこ

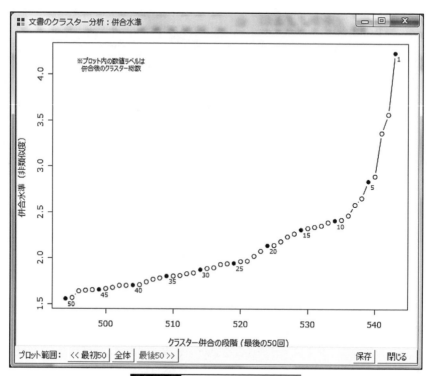

図 5.9　併合過程のプロット

とができます．図 5.8 で特定のクラスターを選択し，画面左下の［文書検索］
をクリックすると当該クラスターに分類されたすべての文書が表示されます．
図 5.10 はクラスター1 に分類された文書 34 件の一部です．「家事」や「代行」
という抽出語がどの文書にも共通して現れているように見えます．「家事クラ
スター」とでも命名できるかもしれません．また，この画面から特定の文書を
選択し，画面下の［文書表示］をクリックすると，前節と同様にその文書に関
する詳細表示を行うことができます．同様にして，ほかのクラスターの文書も
検索してみましょう．

　ところで，8 番目のクラスターには，全体の 5 割を超える 342 件の文書が集
中していました．図 5.11 に一部を示します．ほかの 9 個のクラスターに分類
されなかった文書がすべてここに分類された可能性があります．何がこのクラ

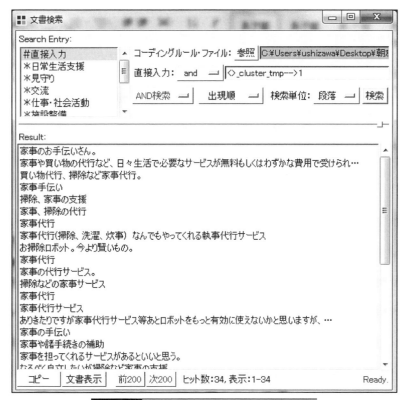

Search Entry:

#直接入力
＊日常生活支援
＊見守り
＊交流
＊仕事・社会活動
＊施設整備

コーディングルール・ファイル： 参照 C:¥Users¥ushizawa¥Desktop¥朝

直接入力： and ◇_cluster_tmp-->1

AND検索　出現順　検索単位： 段落　検索

Result:

家事のお手伝いさん。
家事や買い物の代行など、日々生活で必要なサービスが無料もしくはわずかな費用で受けられ…
買い物代行、掃除など家事代行。
家事手伝い
掃除、家事の支援
家事、掃除の代行
家事代行
家事代行(掃除、洗濯、炊事) なんでもやってくれる執事代行サービス
お掃除ロボット。今より賢いもの。
家事代行
家事の代行サービス。
掃除などの家事サービス
家事代行
家事代行サービス
ありきたりですが家事代行サービス等あとロボットをもっと有効に使えないかと思いますが、…
家事の手伝い
家事や諸手続きの補助
家事を担ってくれるサービスがあるといいと思う。
たるべく自立したいが掃除など家事の支援

コピー　文書表示　前200 次200 ヒット数:34, 表示:1-34　Ready.

図 5.10 クラスター１に分類された文書

スターの特徴なのかがよく見えません．そこで，図5.8で画面左下の［文書検索］の隣にある［特徴語］をクリックして，選んだクラスターの特徴を検討してみます（図5.12）．「サービス」「高齢者」という最も一般的な抽出語が係るクラスターであり，「人」以降の抽出語のJaccard係数は小さく緩やかに減少するばかりで，この図からもこれという特徴が見えてきません．

　さらに詳細を見るために，画面下の［フィルタ設定］で抽出語を絞り込み共起ネットワークを描いてみました．品詞は「動詞」「副詞」「感動詞」を除き，表示する語の数を30個として描いた結果が図5.13です（ほかの条件でも試行錯誤してみましょう）．サブグラフ表示を行っています．

　「サービス」と「高齢者」のほかには，出現回数で目立つものはありませんが，

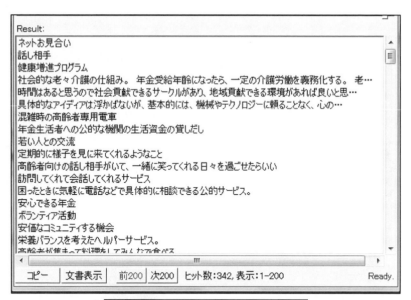

図 5.11　クラスター8の文書の一部

図 5.12　クラスター8の特徴語

それだけ多様なテーマが混在しているのだということがうかがえます．しかしながら，たとえば「話し相手」「相談」「交流」「コミュニティ」などは，人とのかかわりに関するテーマとしてまとめることができるかもしれません．それ以外にも「趣味」「社会」「仕事」などは社会とのつながりを望む声といえるでしょう．表示する語の数を変えて検討するとほかのテーマも見出せる可能性はあります．いずれにしてもいろいろと設定を変えての試行錯誤が必要といえます．

　同様の方法で，ほかのクラスターについても分析して，それぞれの特徴語を表5.1にまとめてみました．前述の通り，クラスター8の特徴語は多数あり，表中にはまとめきれていません．この表は，次章の仮説・テーマ設定の場面で役に立ちそうな情報になっています．

　文書方向からの以上のような検索や分析を通して，さらにデータ全体の特徴

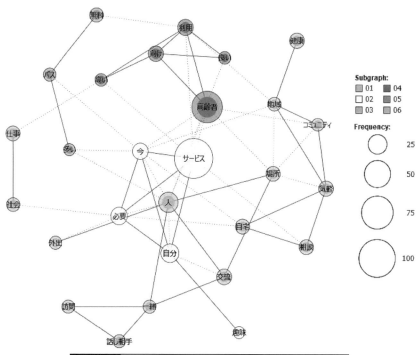

図 5.13 クラスター8の特徴語の共起ネットワーク

表 5.1　クラスター別の主な特徴語

クラスター	件数	主な特徴語
1	34	家事，掃除，代行，洗濯
2	43	買い物，代行，病院
3	21	施設，安い
4	28	介護，保険，充実
5	10	見守る，GPS
6	28	宅配，システム，食事
7	7	旅行，日帰り
8	342	サービス，高齢者，人，交流，健康，相談など
9	17	生活，全般，援助
10	14	支援，緊急，連絡

が見えてきました．第4章の分析とともに，ここで検討した結果を仮説として
まとめ，最終の段階である第6章につなぎます．

6 第2段階の分析：仮説検証的な分析

　第2段階の分析の目的は，分析者の仮説をもとに，データ全体を効率的に要約して，「みなさん（この文書，テキスト）は，このように言っています」とまとめることです．そしてそれをいろいろな視点から検証します．

　仮説とは何か．本書における仮説とは，分析者の思い，といえるかもしれません．第2段階の分析では，第4，5章の第1段階の探索的な分析を通して得られた漠然とした思い・仮説を，抽出語を組み合わせた明確な「コード」として定義します．KH Coder の開発者は，仮説コードのことをコンセプト・概念と言っていますが，テーマと言ってもいいようにも思います．分析者の主観的な思いに客観的な説得力を持たせるためには，そこにどうやってたどり着いたのかというプロセスを示すことが重要になります．第1段階のさまざまな成果を示し説明することで，仮説の説得性が増すことになります．ただの感想ではなく，なぜ自分はそう考えたのか根拠を示すということです．

　……というふうに一見難しそうかもしれませんが，とりあえずは，自分の思い・仮説を定義するところからスタートします．本章が目指す「仮説検証的な分析」のイメージを図6.1に示します．

6.1　仮説をコーディングする

　最初に仮説を立て，それを分析に取り込むためにコード化する作業プロセスから見ていくことにしましょう．

■6.1.1　仮説を立てる

　第4章と第5章では，基本的に抽出語の頻度と共起性に基づいて，データを縦と横方向から分析して特徴を調べてきました．そして，そこから見えてきたものがありました．図6.2に筆者が考えた一つの例を示します．これは，「家

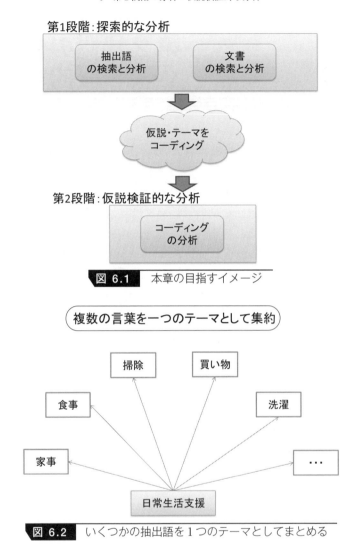

図 6.1   本章の目指すイメージ

図 6.2   いくつかの抽出語を１つのテーマとしてまとめる

事」「食事」「買い物」などのいくつかの抽出語を「日常生活支援」というテーマとして集約しようというイメージ図です．これはテキストマイニングのポイントとしてすでに第１章で用いた図の一つですが再掲します．

このように複数の言葉を１つのテーマとして集約することのメリットとし

図 6.3 いくつかのテーマでデータを鳥瞰する

て，必ずしも頻度が高くなかった抽出語，あるいはそれを含む文書でも，分析の中に取り込めるという点があります．頻度の低い言葉に対しても注目することの重要性は，これまでにもしばしば指摘してきましたが，たとえば，このようなかたちで生かすことができます．

さらに，このようなテーマをいくつか作成することによって，データ全体，回答者全員の語ろうとしている内容を総括的に見渡すことができそうです．そのイメージが図6.3です．図6.2の「日常生活支援」も構成要素の一つになっています．この図は，これまでの分析を通じて，「高齢者向けサービス」を8つのテーマに要約できるとする仮説，分析者の思いを表しています．5.2節「クラスター分析」の各クラスターを構成する特徴語（表5.1）などが，ここで大変参考になります．

以上が「高齢者向けサービス」として調査対象者が回答した文章から，第1段階の分析を通して得られた，考えられる仮説の一つの例です．分析者によって異なるかたちの仮説がいくつあっても構いませんが，繰り返しになりますが，そこに至る第1段階のプロセスを示す必要があります．

■6.1.2　仮説をコード化する

　次の段階は，立てた仮説・テーマをシステムの中に一つのコードとして定義して取り込むことです．このコードは，第1段階の抽出語や文書と同様に分析ができる，いわば分析の第3の柱となります．

　はじめに，前項の8つのテーマを構成する抽出語を表6.1にまとめてみました．データ編集の段階で，同義語や表記の揺れとして変換できなかった語もまとめて同じテーマの中に含めています．

　KH Coderでは，複数の語を複数の条件で組み合わせて新しいコードを定義し，それをコーディングルール・ファイルとして，テキスト形式のファイルを作成します．これまでのデータファイルや変換用のファイルと同様にCSV形式に統一しておくのがいいでしょう．また，複数の条件とは，and，or，notなどのことをいいます．マニュアルでは，コーディングルール・ファイルの記述形式は以下のように説明されています（図6.4の記述例も参照）．

表 6.1　テーマを構成する抽出語

No	テーマ	抽出語
1	日常生活支援	家事，日常，生活，買い物，食事，宅配，掃除，洗濯，日常生活，配達，宅食，ゴミ，外出，バス，タクシー，代行
2	見守り	見守る，見守り，見回り，見張り，安否確認，安否，様子，訪問，緊急，相談
3	交流	交流，交流会，人，一緒，会話，集まり，集まる，話し相手，話す，相手，コミュニティ，お茶，コミュニケーション，サークル，繋がり，集まれる，サロン，社交
4	仕事・社会活動	仕事，ビジネス，働く，働ける，雇用，職業，ハローワーク，ボランティア活動，社会活動
5	諸施設の整備	施設，図書館，福祉センター，保養所
6	介護・看護	介護，保険，医療，健康，健康増進，ヘルパー，介助，デイサービス，ロボット，認知症，デイケア
7	趣味支援	趣味，旅行，旅，カラオケ，アウトドア，カルチャー，レクリエーション，教養，スポーツ，体操
8	経済的支援	年金，収入，無料，ただ，有料，無料化，安価，お金，低価格，経済的，住宅，ホーム，マンション

	A
1	＊日常生活支援
2	家事 or 日常 or 生活 or 買い物 or 食事 or 宅配 or 掃除 or 洗濯 or 日常生活 or 配達 or 宅食 orゴミ or 外出 or バス or タクシー or 代行
3	
4	＊見守り
5	見守る or 見守り or 見回り or 見張り or 安否確認 or 安否 or 様子 or 訪問 or 緊急 or 相談
6	
7	＊交流
8	交流 or 交流会 or 人 or 一緒 or 会話 or 集まり or 集まる or 話し相手 or 話す or 相手 or コミュニティ or お茶 or コミュニケーション or サークル or 繋がり or 集まれる or サロン or 社交
9	
10	＊仕事・社会活動
11	仕事 or ビジネス or 働く or 働ける or 雇用 or 職業 or ハローワーク or ボランティア活動 or 社会活動
12	
13	＊施設整備
14	施設 or 図書館 or 福祉センター or 保養所
15	
16	＊介護・看護
17	介護 or 保険 or 医療 or 健康 or 健康増進 or ヘルパー or 介助 or デイサービス or ロボット or 認知症 or デイケア
18	
19	＊趣味支援
20	趣味 or 旅行 or 旅 or カラオケ or アウトドア or カルチャー or レクリエーション or 教養 or スポーツ or 体操
21	
22	＊経済的支援
23	年金 or 収入 or 無料 or ただ or 有料 or 無料化 or 安価 or お金 or 低価格 or 経済的 or 住宅 or ホーム or マンション
24	
25	

図 6.4 コーディングルール・ファイルの例

```
＊コード名1
条件1


＊コード名2
条件2
  ⋮
```

以下同様にして，いくつでもコードの定義が可能です．コード名の前には必ず全角か半角の「＊」（アスタリスク）が必要です．もとの抽出語などとは区別するためです．図6.1や図6.2あるいは表6.1のテーマがコード名に対応します．また，条件式は，語と算術演算子や論理演算子を用いて記述しますが，きわめて複雑な条件で語を連結できます．詳細と条件式の例はマニュアルを参照してください．後に例示しますが，われわれの事例ではあまり複雑な条件式は

表 6.2	利用可能な算術演算子

演算子	意味	演算子	意味
＋	足し算	＜	小なり
－	引き算	＞＝	大なりイコール
＊	掛け算	＜＝	小なりイコール
／	割り算	＝＝	イコール
＞	大なり		

表 6.3	利用可能な論理演算子

演算子	代替記号
｜	or
＆	and
！	not
｜！	or not
＆！	and not

必要ないでしょう．空白行は読みやすくするためのもので，実際には無視されます．利用可能な演算子は，表6.2と表6.3の通りです．条件式内でこれらの演算子を使う場合には，必ず<u>半角で記述</u>し，さらに<u>前後に半角のスペース</u>を挿入する必要があります．

　表6.1をコーディングルール・ファイルの形式で記述した例を図6.4に示します（CSV形式で保存しました）．抽出語はすべて論理演算子「｜」の代替記号「or」で連結しました（表6.3）．「or」のところは「｜」を用いても同じです．

　1，2行目の例は，「家事」〜「代行」までの抽出語のいずれかが使われている場合はすべて，仮説コードとして「＊日常生活支援」を付与することを意味しています．ほかのコードもすべて同様です．われわれの例では，条件式としては「or」による連結で十分でしょう．重ねて注意しますが，「or」と前後のスペースは必ず半角で入力してください．なお，複雑な条件で新しいコードを定義する大変興味深い事例を7.5節で紹介していますので参照してください．

　以上のように定義作成したコーディングルール・ファイルを読み込むと，抽出語や文書の検索や分析と同様のことが実行できるようになります．それらの機能を利用しながら，分析者が考えた仮説がどの程度妥当なのかを探ることができます．次節以降でそのことを確認してみましょう．

6.2　仮説コードの集計と分析

　KH Coderにおける［ツール］の第3番目の柱である［コーディング］メニューは以下のようです（図6.5）．4番目の項目以降は，［抽出語］メニューと全

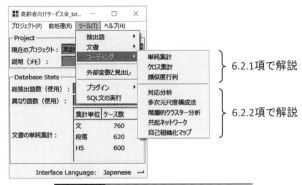

図 6.5 「コーディング」メニュー

く同様の分析ツールです．最初の 3 項目を 6.2.1 項で，続く 5 項目を 6.2.2 項で説明していくことにします．

■ 6.2.1 仮説コードの集計

設定した仮説コードに包含される文書の頻度を数える，あるいは仮説コードと外部変数とのクロス集計を行うことが本項の目的です．分析者の考えた仮説の妥当性をまずは基本的な集計によって確認します．

a．［単純集計］──仮説コードに包含される文書の頻度を数える

［単純集計］を実行すると図 6.6 のような画面が表示されます．ただし，図 6.6 はすでに集計した結果も表示しています．

［コーディング］メニューのどの項目を選択するかは任意ですが，最初に［コーディングルール・ファイル］を設定することが必要になります．ひとたび設定すると，ほかの項目でもそのまま維持されます．前項で作成したファイルをここから参照します．図 6.6 には仮説コード別の集計結果が示されていますが，最も頻度の高い「高齢者向けサービス」のテーマは「日常生活支援」であることが分かります．その後は「介護・看護」「交流」が続きます．「仕事・社会活動」のテーマは 5％に達しませんでした．具体的な文書の内容については別途検討することにします．

さて，最後の行に「＃コード無し」があり，全体の 22.7％を占めています．このコードは分析者が設定したものではありません．600 件の文書（サンプル）

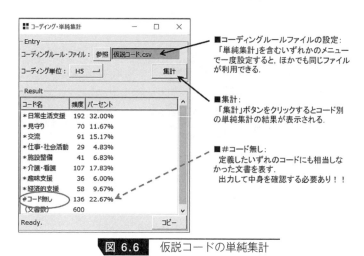

図 6.6　仮説コードの単純集計

の中で，設定した仮説コードのいずれにも該当しない抽出語からなる文書をシ
ステムが自動的に分類して，その件数と構成割合を計算しています．いろいろ
な意味でコード化しきれない部分があることを意味しています．重要なテーマ
の見落としなども想定されるので，具体的に文書の内容を検討することが求め
られます．6.3 節と 6.4 節でこの点について説明します．

　以上の通り，単純集計から，8 個のテーマが全体の 8 割程度を要約していそ
うだということが分かりました．今度は 8 個のテーマの特徴をクロス集計によ
って調べてみましょう．

b.　[クロス集計]——仮説コードと外部変数とのクロス集計を調べる

　第 1 段階のいろいろな分析の中で，「性年代」などの外部変数によって，抽
出語の出現傾向に差があることが示唆されました．集約したテーマをコード化
した第 2 段階の分析の場合にも，当然そのような傾向が生じることが想像され
ます．この点を確認してみましょう．

　図 6.7 はクロス集計を実行後の画面です．[Result] の部分は，外部変数の
「性年代」と仮説コードのクロス集計結果を度数とパーセントで示したもので
す．どの外部変数とのクロスをとるかは，[クロス集計] のところでプルダウ
ンメニューから選択できます．また，表示形式は [セル内容] のところで [度
数のみ][パーセントのみ][度数とパーセント] の中から選択することができ

図 6.7　　外部変数と仮説コードのクロス集計

ます．標準設定は［度数とパーセント］です．

　クロス表の最終行に「カイ２乗値」が示されています．「＊」がついている
ものとそうでないものがありますが，これは外部変数（この場合には「性年
代」）によって，仮説コードの出現割合に差があるか否かを統計的に検定した
結果を示しています．「＊」あるいは「＊＊」のある仮説コードは統計的に差
があることを意味しています（「＊」の場合は5％で有意，「＊＊」の場合は1％
で有意といった表現をすることもあります．統計的検定の考え方についてはほ
かの参考書を参照してください）．したがって，図6.7の場合は，「日常生活支
援」と「見守り」のテーマは「性年代」による差があることを意味しています．
「日常生活支援」は全体的に女性の方が高く，逆に「見守り」は男性の割合が
多いようです．第1段階の分析でもこのような差がありそうだという感覚はあ
ったと思いますが，ここで明確にそのことが確認できました．「交流」に関し
ても差がありそうに見えますが，統計的にはそのことは検証されませんでし
た．

　さて，クロス集計には結果を視覚化して表示する機能がいろいろ準備されて
います．画面最下部の［マップ］の行がそのメニューです．［ヒート］［バブル］
［折れ線］の3種類のグラフ化が可能です．それぞれの出力結果を図6.8～10
にまとめて示します．グラフそれぞれの特徴がありますので，分かりやすいも
の，相手に説得性のあるものを選びます．この中では外部変数による違いを見

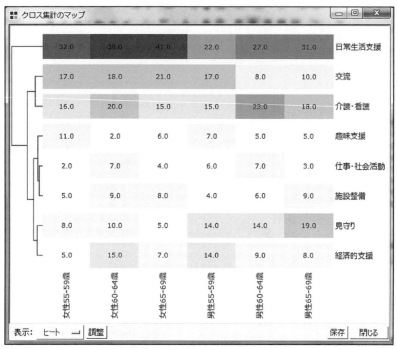

図 6.8　ヒートマップ

デンドログラムはクロス集計に対するユークリッド距離による Ward 法を適用した階層的クラスター分析の結果である.

るのには折れ線グラフが最も適当のように見えます．クロス表をファイルに出力することができますので，別のグラフを自分で描いてみるのもいいでしょう．なお，折れ線グラフは，特定の仮説コードだけを選んで描くことも可能です．統計的に差があったものについては，そのようにして描いてみてください．

c.　[類似度行列]——仮説コードどうしの類似性を測る

1 人の回答者の回答の中に複数のテーマが含まれる場合もあります．このことは，仮説コード間に共起性が生じることを意味しています．類似度行列とは，仮説コード間の Jaccard 係数（コラム 3 参照）を計算したものです．図 6.11 はメニューから [類似度行列] を開いて [集計] ボタンをクリックして実行した結果です．

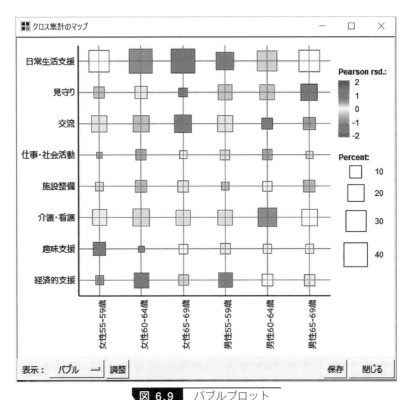

図 6.9 バブルプロット
「調整」によってバブルの形状は円にすることもできる.

　それほど高い共起関係は確認できませんが, 度数の多かった「日常生活支援」
と「介護・看護」間の係数が 0.083,「見守り」と「介護・看護」は 0.086,「施
設整備」と「介護・看護」の 0.088,「経済的支援」と「介護・看護」の 0.100
など, いずれも「介護・看護」との共起性が比較的大きな値となっています.
これらの共起関係については, 次の 6.2.2 項の分析と対応させて検討すると,
もう少し仮説コード間の共起性関係が明確になります.

■6.2.2　仮説コードの分析

　第 1 段階の抽出語の分析同様に, 仮説コードについても共起関係や外部変数
との関連性を探るためのいろいろな分析ができます. ただし, 抽出語の場合と

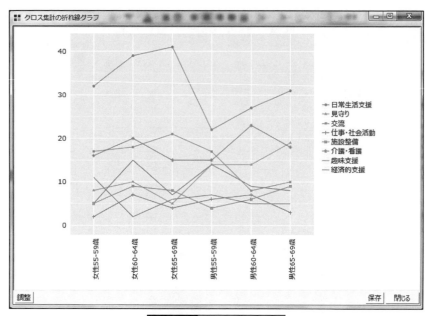

図 6.10　折れ線グラフ

特定のコードのみのグラフを描くこともできる.

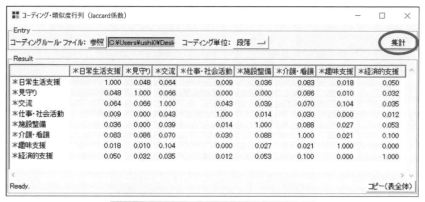

図 6.11　仮説コード間の類似度行列

比べると仮説コードの数は一般的にごく少数個のため，複雑な分析の必要性は
あまりないかもしれません．

　以下で対応分析から自己組織化マップまでの5つの手法で分析した結果をま
とめて示し，簡単にコメントしましょう．手法ごとのパラメータの設定に関し
ては，抽出語の分析の場合とほとんど同じなので，設定画面の説明は略します．

a.　［対応分析］——仮説コードと外部変数の関連性を視覚化する

　図6.12は外部変数（「性年代別」）と仮説コードとの対応分析です．抽出語
の場合に比べると仮説コードの数が少ないために全体の関連性がよく見通せま
す．この図は，前項のクロス集計と折れ線グラフと同じ情報を2次元平面上に
展開したものですが，それらの結果と一緒に検討することによって，さらに
「性年代」と仮説コードの間の詳細な関係が分かります．男性の場合は女性に

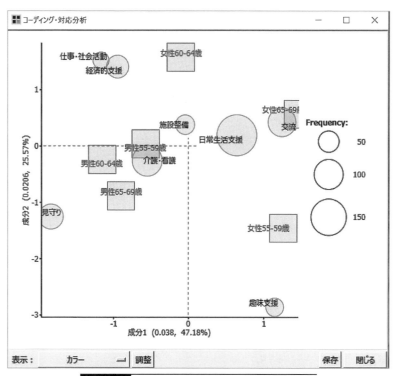

図 6.12　外部変数と仮説コードの対応分析

比べて位置のばらつきが少なく，「見守り」や「介護・看護」の周辺に固まっています．一方，女性の場合は「日常生活支援」だけではなく，「交流」「趣味支援」などの広い範囲にばらついています．クロス集計の数値を改めて見直してみるといいでしょう．

b. ［多次元尺度構成法］——仮説コード間の共起性を視覚化する

図 6.13 の多次元尺度（構成）法の結果は，仮説コード間の共起性・関連性を 2 次元平面上に展開した図です．前項の類似度行列を視覚化したものといえます．類似度行列の数値からも分かったことですが，「介護・看護」を中心的なテーマと位置づけられそうです．「趣味支援」と「仕事・社会活動」はほかのテーマとの関連が薄く，離れたところに位置しています．ここでも改めて類似度行列を見直してみましょう．

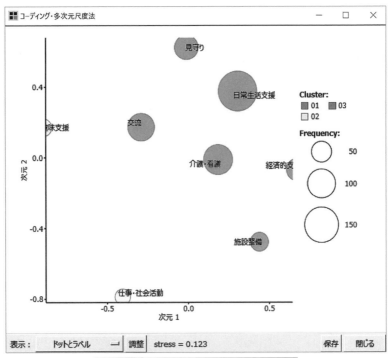

図 6.13 仮説コードの多次元尺度法

c. [階層的クラスター分析]──仮説コード間の類似度を距離として視覚化する

図 6.14 は，多次元尺度法と同様に仮説コード間の類似度あるいは距離に基づいて分析しデンドログラムとして表現したものです．この結果も類似度行列と一緒に検討してみるといいでしょう．「交流」と「趣味支援」の共起性に改めて気がつきます．類似度の中の数値では最も大きな値 0.104 になっています．多次元尺度法の図ではこの点は見落としていました．「仕事・社会活動」というテーマは，この図の中でもほかのテーマとの関連が弱いことが確認できます．このようにいろいろな手法を組み合わせてみることによって，見落としが少なくなります．

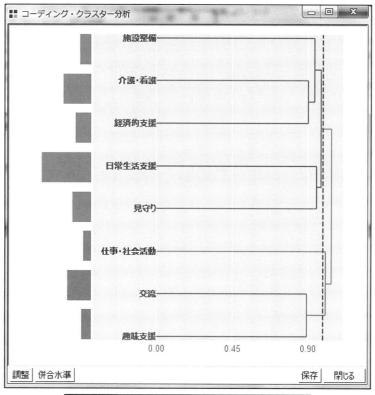

図 6.14 仮説コードの階層的クラスター分析

d.　［共起ネットワーク］(1)──仮説コード間の共起性を視覚化する

　図6.15は，仮説コード間の共起ネットワークですが，この図も類似度行列を視覚化したものです．ただし，多次元尺度法やクラスター分析とは異なり，軸の目盛はありません．度数は円の大きさに，関連性の強さは線の太さに対応しています．この図からも「介護・看護」が中心的なテーマになっている様子が分かりますし，「趣味支援」と「交流」あるいは「仕事・社会活動」とは異なる相にあるように見えます．類似度行列，多次元尺度法，クラスターと共起ネットワークを総合的に見て解釈するとより深い考察ができます．

e.　［共起ネットワーク］(2)──仮設コードと外部変数との共起性を視覚化する

　図6.16は外部変数の一つである「性年代」と仮説コードとの共起ネットワー

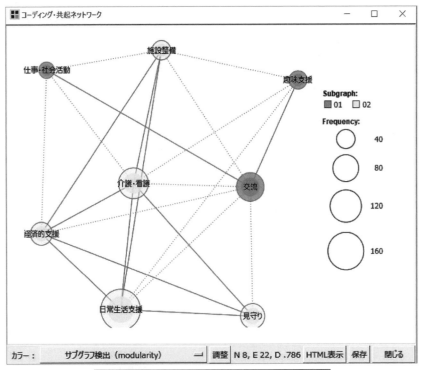

図 6.15　仮説コード間の共起ネットワーク

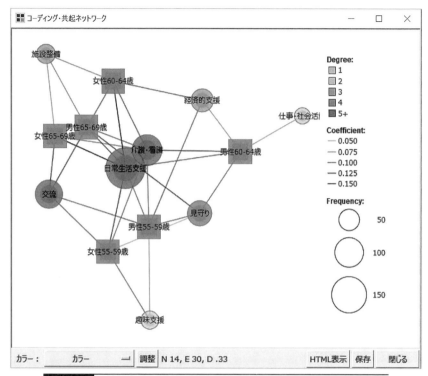

図 6.16　外部変数（「性年代」）と仮説コードの共起ネットワーク

クです．この図は［描画する共起関係（edge）の選択］オプションで「上位30」
として描いたものです．弱い共起関係まで含めて描くと関連性が見えにくくな
るためです．条件を変えて試行錯誤してみてください．ところで，図6.16か
らは「日常生活支援」と「介護・看護」の2つのテーマはほぼすべての性年代
とのかかわりがあるものの，そのほかのテーマは限られた性年代とかかわりを
持っていることが分かります．これらの点はクロス集計や対応分析でも確認さ
れていましたが，この図では視覚化されてより具体的に特徴をつかめます．

f.　［自己組織化マップ］

図6.17は自己組織化マップです．この場合は，1辺のノード数を10として
実行してみました．抽出語の場合とは異なり，分析対象のコード数が少ないこ
ともあってかなり短時間で終了しました．自己組織化マップの利用や解釈法の

図 6.17 仮説コードの自己組織化マップ

解説は本書では行いませんので，関心のある方は参考書で調べてください．

　以上のように，単純集計やクロス集計あるいは類似度行列などの，数値的な集計結果と分析結果を視覚化する手法を組み合わせることによって，仮説をいろいろな視点から総合的に解釈し検証できることが分かりました．次の目標は，もとの文書に立ち返って，設定した仮説コードを検証し直すことです．

6.3　再び文書検索／コード化できなかった文書を追跡する

　前節の仮説コードの単純集計の結果，コード化しきれなかった文書が2割程度存在することに注目しました．本節ではこの点を追跡して，仮説を少し見直

してみます．

　第5章の第1段階の分析として，横方向（文書方向）からのデータ分析を試みました．その一つとして説明した［文書検索］の手続きをここでもう一度利用します．

　［ツール］メニューの［文書］から，最初の［文書検索］画面を呼び出します（図6.18）．画面1行目の［コーディングルール・ファイル］に前節で作成したファイルを設定すると左側の［Search Entry］部に定義した仮説コードとともに「＃コード無し」という検索条件も表示されます．第5章では「＃直接入力」によって，具体的な抽出語を指定して，それを含む文書を検索しました

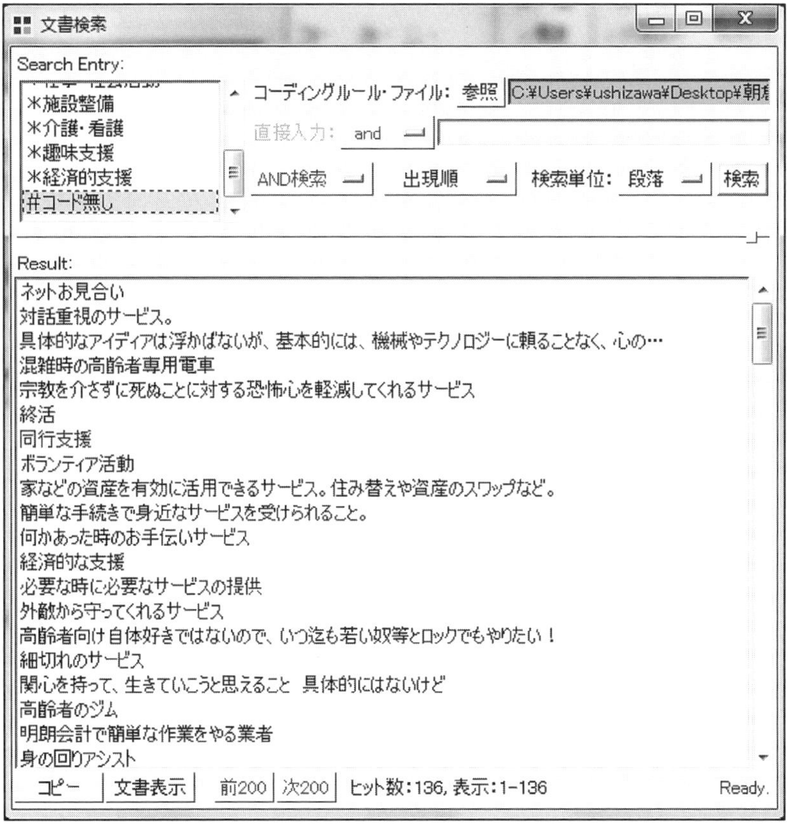

図 6.18　文書検索画面／「＃コード無し」で検索

が，ここではコーディングルール・ファイルで定義された仮説コードにヒット
した文書を検索することができます．「＃コード無し」は「『仮説コードに対応
しない』というコード」だと考えれば分かりやすいでしょう．

　図6.18は［Search Entry］の中から「＃コード無し」コードで検索した文
書を一覧表示した画面です．136件がヒットしたことが分かります．前節の単
純集計の件数と当然一致しています．これらが，分析者が設定した仮説から漏
れた文書，つまりコード化しきれなかった文書です．最初の文書は「ネットお
見合い」と回答された文書で，「ネット」や「お見合い」がどの仮説コードに
も定義されていなかったことになります．以下同様に136件続きます．

　136件の文書をよく検討すると，すでに定義済みの仮説コードに新たに抽出
語を加えることによって吸収できそうな文書もありますし，新しいテーマとし
て仮説コードに加えてもよさそうな文書などが発見できます．ただし，全体的
には種々雑多な内容で，新しい仮説コードとして加えるには該当する件数が少
ないのも事実です．できる限り既存の仮説コードに加える作業は行うものの，
最終的には，一括して「その他」として扱わざるを得ない文書が含まれている
といえるでしょう．これらの中には，件数は多くはないものの「高齢者向けサ
ービス」のアイディアとして，次のようなテーマとしてまとめることができそ
うな文書が含まれていました．

- 自立支援
- 終活に関するサービス
- IT活用の支援
- 資産管理
- 自動運転への期待

などです．図6.18の画面下の［文書表示］機能を利用して，1つの文書を詳
細表示してみましょう（図6.19）．

　詳細表示では文書以外に回答者のいろいろな属性情報も同時に確認すること
ができます．文書の内容からは自立支援を促すような介護や看護のあり方や仕
組み作りに関するテーマのようですが，自動的にいずれかの既存の仮説コード
に振り分けるのはいずれにしても難しい内容です．

　同じ画面から，当該仮説コードにヒットした全文書を［コピー］してファイ
ルに出力することもできますので，精度を高めるためには，仮説コードを改め

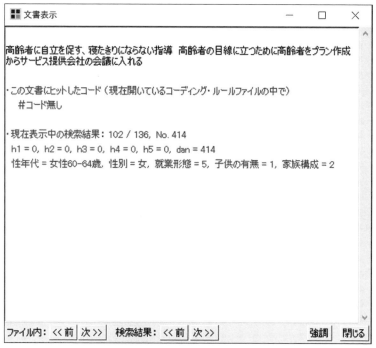

図 6.19 文書表示機能の利用

て見直したり，あるいは複合語を再定義したりすることなどを検討してみても
いいでしょう．

　なお，「＃コード無し」だけではなく，ほかの仮説コードに該当する文書も
確認できますので，別の角度からも丁寧に仮説を検証することも忘れないでく
ださい．

6.4　コーディング結果の出力と利用法

　前節のように，一つひとつの仮説コードに該当する文書のみ検索するかたち
ではなく，全文書（サンプル）について，全仮説コードとの関連の有無（0 か
1 か）を出力することができます．抽出語についても同様の機能がありました．
　この場合は，図 6.20 に示す通り，［プロジェクト］メニューからたどって

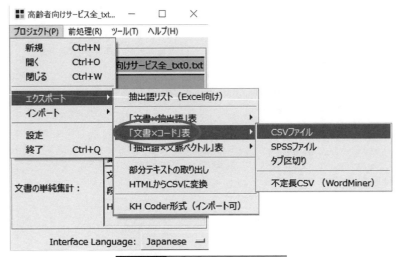

図 6.20　出力ファイルの形式

［「文書×コード」表］を利用して出力できます．出力ファイルの形式は図の通り［CSV ファイル］［SPSS ファイル］［タブ区切り］［不定長 CSV（Word-Miner）］の4つの中から選ぶことができます．

　いずれの場合も，出力ファイルを使って，分析者自身がさらに進んだ分析を行うのに利用できます．4番目の形式はほかのテキストマイニング用のシステム（WordMiner）で利用できるファイル形式です．詳細は HP などで調べてください．また，マニュアルにも連携利用について触れられています．

　ここでは CSV ファイルへの出力を利用してみましょう．図 6.21 は，Excel に出力した結果を編集したものです．最初に，不要な列は削除し，B 列にもとの文書を挿入しました．C 列から J 列までの8つの列がコーディング結果として出力されたものです．文書ごとに，ヒットした仮説コードには1が，しなかった場合には0が出力されています．最初の文書（サンプル）は「家事のお手伝いさん」という回答内容ですが，この文書は仮説コード「＊日常生活支援」のみにヒットしています．ほかの文書についても同様のことを表しています．

　K 列「該当テーマ数」には，C～J 列の合計を求め，いくつの仮説コードにヒットしたのかを計算すると，最大で5個の仮説コードにヒットしている文書が存在していました．ここでは，表全体にフィルターボタンを設定しました．

h5	高齢者向けサービス	*日常生活支援	*見守り	*交流	*仕事社会活動	*施設整備	*介護・看護	*趣味支援	*経済的支援	該当テーマ数
1	家事のお手伝いさん。	1	0	0	0	0	0	0	0	1
2	ネットお見合い	0	0	0	0	0	0	0	0	0
3	対話重視のサービス。	0	0	0	0	0	0	0	0	0
4	話し相手	0	0	1	0	0	0	0	0	1
5	健康増進プログラム	0	0	0	0	0	1	0	0	1
6	社会的な老々介護の仕組み。年金受給年齢になったら、一定の介護労働を義務化する。老々介護に参加しない高齢者には年金を減額する。	0	0	0	1	0	1	0	0	2
7	時間はあると思うので社会貢献できるサークルがあり、地域貢献できる環境があれば良いと思います。	0	0	0	1	0	0	0	0	1
8	具体的なアイディアは浮かばないが、基本的には、機械やテクノロジーに頼ることなく、心の触れ合いを重視したサービスがあれば良いと思う。	0	0	1	0	0	0	0	0	1
9	混雑時の高齢者専用電車	0	0	0	0	0	0	0	0	0
10	宗教をかさずに死ぬことに対する恐怖心を軽減してくれるサービス	0	0	0	0	0	0	0	0	0
11	高齢者向けの医療サービスやレクリエーション等が充実した施設	0	0	0	0	1	1	0	0	2
12	日常生活の支援	1	0	0	0	0	0	0	0	1
13	年金生活者への公的な機関の生活資金の貸しだし	1	0	0	0	0	0	0	1	2
14	終活	0	0	0	0	0	0	0	0	0
15	若い人との交流	0	0	1	0	0	0	0	0	1
16	同行支援	0	0	0	0	0	0	0	0	0
17	家事や買い物の代行など、日々生活で必要なサービスが無料もしくはわずかな費用で受けられるようになること。	1	0	0	0	0	0	0	1	2
18	買い物の足	1	0	0	0	0	0	0	0	1
19	定期的に様子を見に来てくれるようなこと	0	1	0	0	0	0	0	0	1

図 6.21　コーディング結果の出力と編集

このようにするだけでもいろいろと独自の検索が可能になります．

　たとえば，8つの仮説コードごとに，ヒットするサンプルだけを抽出できます．特に，K列のフィルターを利用して「0」の文書のみを抽出すれば，それは「＃コード無し」に相当する文書ということになります．データ全体を俯瞰できるので，前節とは異なる見方ができるかもしれません．自分でいろいろ加工したり編集したりできる点が便利です．たとえばほかにもピボットテーブルに引き継いで計算することもできるでしょう．大いに活用してください．

　また，このファイルをもとに，SPSS や WordMiner などを利用したり，R などのほかのソフトウェアを利用して，独自に分析を行うこともできるでしょう．本書の付録 B で説明している外部変数と抽出語のクロス集計用の Excel マクロも，全く同様にして利用することができます．分析者の自由度が大いに広がります．

　ところで，ここで改めて図6.21 を見ると，一つひとつのサンプルが分析者の設定した仮説コード（カテゴリー）に分類されていることが分かります．第2段階の分析によって，文書全体をいくつかのテーマに要約することができるだけではなく，「文書」のクラスター分析や付録C で解説している「ベイズ学習による分類」と同じように，サンプルを分類することができます．これはテキストマイニングにとってはとても重要な視点です．コラム5に仮説コーディングによってサンプルを分類することの有効性をまとめてみました．

コラム5　仮説コーディングによる分類

　仮説コーディングによる分類の有効性を図に整理しました．これを解説する前に，KH Coder の開発者である樋口氏がコーディングルール・ファイルの記述法について述べている内容を以下に引用します．

　　　なお，コードを付与する条件の指定内容によっては，1つの文書が複数の条件に該当するということが起こりうる．この場合には，1つの文書に対して複数のコードが付与される．というのも KH Coder によるコーディングは，「犯罪」か「合法」かのどちらか一方といった，排他的なカテゴリーに文書を分類するという処理ではない．むしろ，文書の中から要素を取り出すという考え方の処理である．1つの文書がたとえば「犯罪」と「人情」のような複数の要素を含むことはありうるという前提に基づいている（KH Coder マニュアル

- ■ **多重分類法**
  - ■ クラスター分析のような排他的な分類（1つのカテゴリーへの分類）ではなく，複数のカテゴリーへの分類ができる柔軟性のある分類法である.
  - ■ アンケートの自由回答は，1つだけのカテゴリーへ分類することがもともとできないことが多い.
- ■ **この分析法はそもそも文書全体を効率的に要約するのにきわめて有効である**
- ■ **新規データへの適用**
  - ■ コーディングルール・ファイルはベイズ学習による分類と同様にほかのデータセットにも適用できる.
  - ■ たとえば，今年度のデータの分析結果をファイル化することによって，ほかの年度のデータセットの分析に活用できる.
  - ■ そこで「＃コード無し」を詳細に検討することによって，新しいテーマや課題の発見につながる.
- ■ **頻度や相関に基づいて自動的に分類する方法ではなく，分析者の意思によって分類するための方法である.**

図 仮説コーディングの有効性

より引用）.

　クラスター分析やベイズ学習による分類法は，1つのサンプルを単一のカテゴリーに分類しようとする方法ですが，コーディングルール・ファイルを利用する場合には，複数のコードに対応づけることができることになります．本書で解説しているアンケート調査などの場合には，そもそも1人の自由回答を1つのカテゴリーだけに無理矢理分類できないということが少なくありません．その意味で仮説コーディングによる分類は非常に柔軟性があります．というよりも現実的な多重の分類が可能であるといえます．

　また，サンプルによっては，分析者が定義したカテゴリーに必ずしも分類できない場合もあります．それを確認することは，分析者が気づかなかった未定義の新しい仮説あるいはテーマの発見につながるかもしれません．これは自由回答を分析することの最も大きな効用の一つといえます．

　さらに，コーディングルール・ファイルは，ベイズ学習による分類（付録C参照）と同様の使い方ができる点も重要です．過去に実施した調査データの分析用に作成したコーディングルール・ファイルは，たとえば定期的に実施されるその後の調査データの分析にすぐさま利用することができます．もしそこで未定義のテーマが発見できれば，それまでの傾向との違いとして認識できることになるでしょう．時系列的な傾向の分析が可能になります．

　そしてさらに，分析者によって定義された新コードは，文書全体を要約し理解することを目的とした分析のための新しい軸であり変数になりますが，ある意味では多変量データの次元縮小を目的として適用される主成分分析における主成分や因子分析における因子と同じ役割を果たします（多変量解析についてはほかの参考書を参照してください）．しかしながら，それらの手法との大きな違いは，変数間の相関情報によって機械的に抽出されたものではないという点です．テキストマイニングにおける新コードは，分析者が解釈し，仮説としての意味を持つ変数として構成されたものです．分析者にとっては分析者自身の思いが反映できる，非常に強力なサポート機能であると思われます．是非，第2段階の分析まで進めてみましょう．

　プロジェクトに一段落ついたところで，アウトプットとは別に，分析プロセスの中で使った以下のようなすべてのファイルを1つのフォルダ内に収めておきましょう．元データに戻っていつでも分析プロセスとアウトプットを再現できます．

- 元データの Excel ファイル
- テキスト部と外部変数のファイル（分割読み込みした場合）
- 変換用ファイル
- My 辞書のファイル
- 仮説のコーディングルール・ファイル

　いかがだったでしょうか．「高齢者向けサービス」のデータを利用して，テキストマイニングの考え方と一通りの手順を説明してきました．KH Coder というフリーソフトウェアを利用して実践的な解説を試みました．是非自分自身でいろいろなテキストデータを分析してみましょう．

　プロジェクトの仕上げは，分析を通して読み解いた「データの特徴」を第三者へ提示するプレゼンテーションの形にまとめることです．最後の章では，「高齢者データ」の分析報告事例とともに，別の4つの分析事例を紹介します．これまでの2段階の分析で得た仮説をいかに集約するかの例として参考になるでしょう．

7 テキストマイニングの事例

これまでの章では，テキストマイニングの考え方とフリーソフトウェアを利用する実践の方法を説明してきました．本章ではこうした分析を報告にまとめあげるプロセスを示すために5つの事例を紹介します．最初の事例は，大学の教員とゼミ生による「食育授業の感想を可視化する」という報告です．2つ目は本書でこれまで事例として使ってきました「高齢者向けサービス」データを分析した報告書からの引用です．3つ目はある街で実施された来街者による「街の評価」データを分析した事例です．4つ目はある企業内で試験的に行われた「週報に基づくリスク対応のキーワード抽出」という事例ですが，これは学会で報告された論文からの引用です．最後は内閣府の経済社会総合研究所の方々による「公的統計によるコメントの分析」として本書のために寄稿いただいた事例です．

7.1 食育授業の感想を可視化する

ここでは大阪樟蔭女子大学の鈴木朋子教授とゼミ生による研究報告を事例として紹介します．鈴木教授の研究室は，卒業研究の一環としてゼミ生とともに，2014年度から健康的な食事の普及のための教材「食教育カルタ」の開発と教材を活用した教育実践に取り組まれています．ここに紹介する報告は，2018年度にゼミ生たちが中心となって実施した，高校生を対象とする「食育」の授業の受講後の感想を，翌2019年度にテキストマイニングで分析してまとめたものです．本報告では，抽出語の頻度分布や共起ネットワークを描くなど，第4章で解説したテキストマイニングの基本的な手法を応用した高校生の自記式の感想文が丁寧に分析されてまとめられ，大変興味深い結果が得られています．また，分析を進める中で，第1章や第2章で解説したような表記のゆれの統一や分析者の意図とは異なる形で切り出される抽出語への対策など，い

ろいろな苦労話も語られています．これからテキストマイニングをはじめよう
とする方々にとって，とても良い参考になるのではないかと思われます．以下
に鈴木教授らによる報告を掲載します．

■　■　■

　報告者（鈴木）らは，管理栄養士・栄養士課程で学ぶ学生とともに，健康的
な食事をテーマとした食育授業のあり方を検討してきました．ここでは，学生
が中心となり，高校生を対象に実施した食育授業で得られた感想（自由記述）
について，テキストマイニングを用いることで見えてきたことを報告しま
す*1)．

　食育授業は，高校の授業（ロングホームルーム）として行われました．この
食育授業の特徴は，学生らとともに開発した「食教育カルタ」が用いられてい
る点です．このカルタは，健康的な食事を普及するための教材「食事バランス
ガイド」（厚生労働省・農林水産省，2005）で推奨されている食事について，
学生らが自身の学びを振り返り，同年代の人たちに伝えたい，知ってほしいと
考える栄養学的情報という視点から開発されました．カルタ札は，教育効果を
高めるため，文言の最初の1文字だけでなく，すべての文言が書かれており，
また，裏面には，栄養学的な解説が示されています（図7.1）．「食教育カルタ」
は，上述の「食事バランスガイド」の料理区分を参考に「主食」「副菜」「主菜」
「牛乳・乳製品」「果物」に関する札，「水」「菓子・嗜好飲料」に関する札，ま
た「その他」として，栄養全般についてのメッセージに関する札を含めた44
枚で構成されています．

　食育授業の概要を示します（表7.1）．導入として，自分自身の食事のとり
方を振り返ることを目的に，「食事の自己チェック」を行いました．次に，展
開①として，5〜6人程度の小グループで「カルタとり」を行いました．カル
タとりは，栄養学的な知識学習をねらいとしていたため，カルタのカテゴリー
（料理区分等）ごとに読み進め，とった札はグループ全員に見せたり，裏面の
解説にも目を通したりするよう促しました．そのため，次に来る札を予測する

＊1)本節は，大阪樟蔭女子大学・鈴木朋子教授からご寄稿いただいた原稿に基づいていま
す．鈴木教授をはじめ本研究にかかわられたすべての方々に改めてお礼申し上げま
す．

図 7.1 食教育カルタ（左：表面，右：裏面）（「主食」の一例）

表 7.1 食育授業の概要―所要時間：約40分

導入 （約5分）	食事の自己チェック 自分自身の普段の食事を思い出し，「朝食，昼食，夕食，間食」のそれぞれにおいて「主食，副菜，主菜，牛乳・乳製品，果物」がとれているかを自己チェック
展開① （約13分）	カルタとり カルタのカテゴリーごとに読み進め，カルタとりを実施 ※全8カテゴリー：「主食」「副菜」「主菜」「牛乳・乳製品」「果物」／ 　　　　　　　　　「水」「菓子・嗜好飲料」／「その他（栄・全般）」 ※カルタ札は，カテゴリーごとに複数枚の札で構成（全44札） ※摂取のメリット，摂取しないことのデメリット，適正量等の栄養学的情報を提供
展開② （約20分）	カルタについての話し合いと解説 カルタ札の分類（上記のカテゴリーごとに色別に分類） 話合いと解説：「主食」「副菜」「主菜」について ※カルタ札(裏面の解説)も活用 解説：「牛乳・乳製品」「果物」「水」「菓子・嗜好飲料」「その他」について
まとめ	教育内容の振返り（約1分）

など，楽しみながら取り組んでいる様子が観察されました．その後，展開②として，カルタ札を栄養学的なカテゴリーごとに分類し，健康的な食事の組み合わせの基本である「主食」「副菜」「主菜」については，気づいたことについての話し合いや発表を取り入れながら，解説を行いました．その他のカテゴリーについては，時間の関係で解説のみを行い，最後に授業全体を振り返りました．授業の進行は担任教諭の立ち合いのもと，大学生が行いました．自由記述は，授業終了後に，自記式質問紙調査で収集しました．なお，本報告は4クラスを対象とした結果です．

　自由記述の1つ目は，導入で行った「食事の自己チェック」についてです．「自分自身の食事状況の自己チェックをして，気づいたことを教えてください」という質問をしました．上位20語の単語の出現頻度を示します（図7.2）．

　「ない」「食べる」「思う」「摂（ここでは，『摂る・摂取する』という意味で用いられています）」という述語の出現頻度が高く，「食べていない」「摂れていない」ということへの気づきが多く語られていたことが可視化されました．また，食事の自己チェックのポイントとしてあげたカテゴリー（料理区分）の出現頻度は，「果物」「副菜」「乳製品」「主食」「主菜」の順で，中でも上位の「果物」「副菜」「乳製品」が摂取できていないことへの気づきが多く語られたことが可視化されました．

　次に，共起ネットワークを示します（図7.3）．個々の記述に戻り確認したところ，「主食は，毎日食べることができている」という内容の記述が多かっ

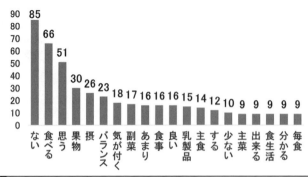

図 7.2　上位20語の出現頻度：「食事の自己チェック」をして気づいたこと（自由記述数：122人分，全出現語数：140語）

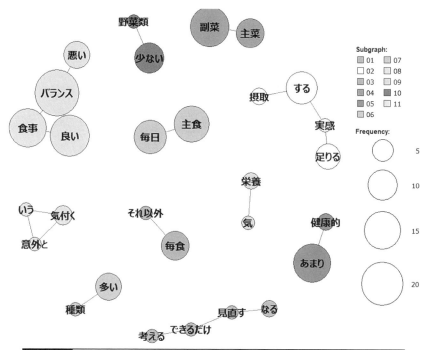

図 7.3 共起ネットワーク:「食事の自己チェック」をして気づいたこと（自由記述数：122人分）

た一方で，全体的に見ると「バランスの良い食事ができていない」「食事のバランスが悪い」「あまり健康的でない」と語られる傾向があることが可視化されました．また，「副菜」と「主菜」は，一緒に語られる傾向があることも可視化されました．

自由記述の2つ目は，授業全体を通して「この授業を受けて，自分自身の食生活について，考えたことを教えてください」という質問をしました．上位20語の単語の出現頻度を示します（図7.4）．自由記述の全出現語数は234語と，1つ目の自由記述の140語と比べて，多様な語句が使用されていたことがわかりました．

2つ目の自由記述では，1つ目の自由記述で最も出現頻度の高かった「ない」という否定を示す述語よりも，「思う」「食べる」「する」という述語の方が，出現頻度が高かったことが可視化されました．また，「これから」「もっと」「し

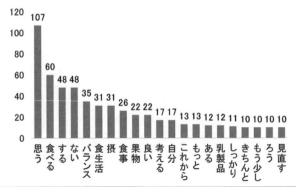

図 7.4　上位 20 語の出現頻度：この授業を受けて食生活について考えたこと（自由記述数：118 人分，全出現語数：234 語）

っかり」「きちんと」「もう少し」など，改善意欲を連想させる語句が多く使われていたことも可視化されました．さらに，料理区分では「果物」「乳製品」のみが，上位に見られました．これは，高校生にとっては，ほかの料理区分（主食・副菜・主菜）に比べて，自分自身で改善に取り組みやすい部分であった可能性がうかがわれました．

　2 つ目の自由記述に関する共起ネットワークを図 7.5 に示します．「食べようと思う」に関連して「見直す」「食生活」「自分」など，自分自身を振り返っている様子が可視化されました．「バランスの良い食事を心がける」「これから考える」「気を付ける」など，前向きな感想を持っている様子も可視化されました．栄養面では，「果物」「乳製品」と，「主食」「副菜」「主菜」が異なるグループで語られていることが可視化されました．最後に，「カルタ」や「授業」が，自身の食生活を振り返る「機会」となっていた様子も可視化されました．

　以上の点から，食育授業の感想（自由記述）という個人レベルの質的データは，テキストマイニングを活用することで，集団における語句の出現頻度や共起ネットワークというかたちで可視化され，全体像を捉えるための手段となることが確認できました．

　最後に，この結果に至るまでのプロセスについて報告します．本分析を通して，テキストマイニングでは，分析にかけるためのデータを作成する作業を丁寧に行わなければならないとの印象を持ちました．報告した事例では，誤字脱

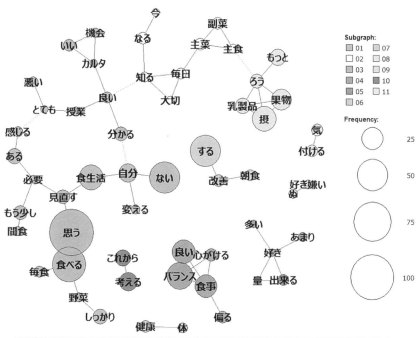

図 7.5 共起ネットワーク：この授業を受けて食生活について考えたこと
（自由記述数：118人分）

字の修正だけでなく，表記の統一を行いました．たとえば，「からだ」という
語句については「体」や「身体」，同様に「くだもの」「果物」など，意味に注
意しながら，異なった表記を統一する作業を行いました．また，分析者が意図
する通りに語句を検出させる工夫も必要になりました．たとえば，「主菜」や
「副菜」という食育では一般的な語句であっても，抽出語としては「主」「副」
「菜」と認識されました．これらについては，複合語として検討し，My辞書
を作成するというプロセスを丁寧に行っていく必要がありました．

　今回，最も難渋した点は「摂る」という語句です．「摂取する」という意味
の自由記述については，「摂る」という表記に統一しました．これは，ほかの
意味で使用されている「とる」と区別する意図がありました．しかし，抽出語
としては，「摂」という1文字で認識され，「動詞」ではなく「未知語」として
取り扱われました．この点については，本報告では，「摂」は「摂る」という

意味であると解釈することにしました.

　このように結果を得るためのプロセスにおいては, さまざまな工夫も必要と されました. しかし, テキストマイニングを活用することにより, 個々の記述 レベルの情報を, 集団という全体を捉える情報へと発展させることができるこ とは, ほかの方法にはない魅力ではないかと考えます.

7.2　高齢者向けサービスのまとめ

　2つ目の事例は, 本書で一貫して説明用として利用してきた「高齢者向けサ ービス」のデータに関するものです[2].

　さて, この調査は次のような背景と目的のもとに実施されたものです.

　　　2025 年には, 75 歳以上人口は 2200 万人, 65 歳以上人口は 3600 万人に達
　　　し, 男女ともに 65 歳以上の単身世帯が増え続けることが予測され, 元気な高
　　　齢者を対象とした新しいサービスやビジネスモデルの開発が期待されている.
　　　本調査では, 1 都 3 県に在住する 55 歳から 69 歳の男女を対象に Web アンケ
　　　ートを実施, 現状の高齢化への意識, 10 年後を見据えての, 日常生活の様々
　　　なシーンにおけるニーズと有望サービスの方向性を探ることを目的とする.
　　　自由記述については, テキストマイニング分析を行う (シード・プランニン
　　　グの報告書より引用).

　ここで調査したデータの一部を本書で利用していますが, 性年代などの属性 と本書で取り上げた自由記述の設問の一つである「高齢者向けサービスのアイ ディア」を分析した部分を改めて紹介していきます.

　図 7.6 は, 自由記述の一部を性別・年代別に分類して整理したものです. ほ んの一部を示していることもありますが, この図の内容から, 性別や年代別に, 具体的にどのような特徴があるのかは, なかなか分かりにくいかもしれませ ん. ここにテキストマイニングの必要性と有効性があります.

　テキストマイニングツール (KH Coder を利用しています) を利用して, 本 書で説明した方法をいろいろ駆使して分析を進めましたが, 報告書には紙幅の 関係で主要な結果だけが掲載されています. 以下にそれらを引用しました

　＊2) 本節での図表などは, すべて株式会社シード・プランニングの報告書「2016 年版 IT
　　を活用した高齢者向けサービスのニーズ調査」(2016 年 12 月発行) から引用させてい
　　ただきました. 引用を許可いただいたことに関して, 改めて感謝いたします.

	男性	女性
55-59歳	➤ ネットお見合い ➤ 健康増進プログラム ➤ 人間ドックやがん検査を廉価で受けられる ➤ ウェアラブル端末で異常を検知して救急病院に連携したり、親族に連絡したりする見守りサービス ➤ GPSでの見守りや安否確認サービス ➤ スマホがわりになるメガネタイプのIT機器 ➤ 高齢者向けと謳わない支援サービス。利用するとキャッシュバックなど受けられる仕組み	➤ ボケ防止プログラム無料提供 ➤ 孤独死のまま放置しないために日々の確認サービス ➤ 生前の契約により自分がいなくなった後の始末をしてくれる ➤ 一定期間動かないでいると通報する見守りサービス ➤ 日常的な金銭管理を安全に代行するサービス ➤ 脳力を優先しやすく軽くておしゃれな靴のオーダーメイド ➤ 視力をはかりにきてくれて自分に合うメガネを作れる。人間ドックが安くで受けられる ➤ 子供の世話など高齢者でもできる社会参加の機会をたくさん作って欲しい。ボランティアではなくてきちんと雇用して欲しい
60-64歳	➤ どんなサービスも知らないと利用できない。紹介する簡単な手段 ➤ 高齢者対応について家族にレクチャーしてくれるようなシステム。頻繁に変わる高齢者保険制度のレクチャーして欲しい ➤ 一人暮らしには、家事支援、緊急通報、食事宅配があるとよい ➤ IoTを活用して徘徊等の状況把握や宅内での生活のプライバシーに差し障らない程度の通知システム ➤ 快適に生活できるような健康増進プログラム。スマホなどの技術を使っての個別の病気や行政や連携した健康、病歴管理や警告 ➤ 高齢者向けの格安高性能パソコン。i7搭載で15000円位 ➤ 同じような悩みをもつ高齢者が互いに助け合えるSNSサービス（世話人以外は若者禁止） ➤ 自宅にいながら体調の相談が出来るサービス	➤ 田舎の3階なのでゴミ出しやみえなどを重い声を掛けているがサービスがあるとよい。近所の高齢者宅へ声を掛けているがごみを頼むことに抵抗があるようで遠慮するも、必ず出るのがごみなのではないだろうか ➤ ボランティアなどでも廉価で利用できないだろうか ➤ 買い物はネットスーパーやネットショッピングでできるが、病院に行く時は付き添いを頼みたい ➤ 通院できない高齢者に、いつも飲用している薬を届けてくれるサービス ➤ 高齢者に自立を促す指導 ➤ 高齢者に自立を促させたい。まだまだ社会と関わっていきたいから ➤ 移動販売、移動図書館 ➤ シニア向けの仕事がしたい。まだまだ社会と関わっていきたいから ➤ 年寄り扱いせずにサークル感覚で通えるようなサービス施設
65-69歳	➤ 見守りサービス。リクエストがなければ何もしない。特に変更があった場合のみ手を貸してもらえるようなサービス ➤ 移動販売車によって物販の販売を同時に安否確認してくれる ➤ 個別の状況に応じてさりげない程度の支援。何でもやってもらえると自立心がなくなりそう ➤ ボランティアではなく、賃金のもらえる仕事を紹介するサービス。社会とのつながりを持つのに一番良いのは責任のある仕事をすることだと思うので	➤ コミュニティ食堂（カフェ）できちんとした食事ができると楽しい ➤ 脳や体が衰えないように適切なトレーニングを指導してくれる ➤ 高齢者向けでないサービス。高齢者だけで何かをするのはあまり素敵には思えないので普通がよい ➤ 自宅で今と変わらない生活スタイルを維持できるようなサービス ➤ 週2回程度食事の支援を引き受けてくれるサービス ➤ 公共機関の配布資料等の文字をもう少し大きくして欲しい

図 7.6　自由記述からの抜粋

（注：報告書のコメントはいずれも主要なポイントだけをまとめたものですが，これは PowerPoint で提供されているためです）．

　図7.7は，抽出語の頻度分布です．名詞を中心に，「する」「思う」などの一般的な語を除く動詞や形容詞に対象を絞って描かれています．図7.7に対する報告書のコメントは以下のようです．

　　　　高齢者向けサービスのアイディアに関する自由記述の中で，最も出現頻度の高い語は，「買い物」と「介護」である．買い物以外にも，「家事」「食事」「掃除」など生活に関連する語の出現頻度も高い．また，介護と関連する，「施設」「病院」「健康」なども同じカテゴリーの抽出語と言える．さらに，「見守る」「システム」「話し相手」「交流」「相談」などの出現頻度も高い（シード・プランニングの報告書より引用）．

コメントの通り，日常生活を支えてくれるサービスと介護関連の抽出語の頻度が高いことが確認されます．この点を共起ネットワークで分析した図7.8は，ばらばらであった抽出語間の関連性までも含めて，さらに分かりやすく示してくれます．回答者のもとの文書が想起されるようです．

　共起ネットワークの図に対する報告書のコメントは以下のようです．

　　　　語と語の共起関係を図示した共起ネットワークから，買い物，家事などの「日常生活支援」と「介護」といったテーマが明瞭となった．また，人，地域，

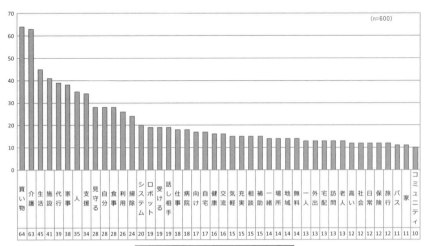

図 7.7　抽出語の頻度分布

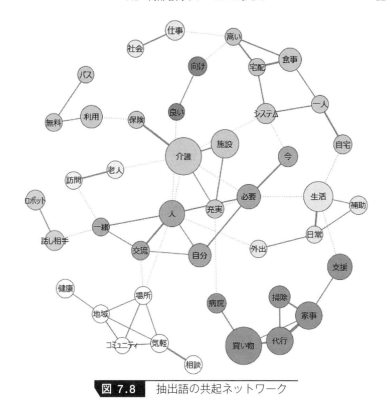

図 7.8 抽出語の共起ネットワーク

コミュニティなどの抽出語で構成する「交流」もテーマである。このほか，出現頻度が必ずしも高くはないが一つのテーマにまとめられるものが複数あり，高齢者向けサービスへの多様な期待をうかがわせる（シード・プランニングの報告書より引用）。

さらに共起ネットワークを見る際の注意点として以下が付記されています。

　　【図の見方】共起ネットワークとは語と語のつながり（共起性・関連性）を視覚化した分析手法。円の大きさは頻度，線の太さは関連性の強さを表す。共起ネットワークでは他の語との関わりが弱い場合や単独で使用されやすい語（「見守る」など）は表示されないので注意が必要（シード・プランニングの報告書より引用）。

報告書を見る側に立ったこのような注意事項の解説は重要です。

　次は第2段階の分析結果です。抽出語方向からのほかの分析手法を適用した

テーマ	抽出語	出現頻度
日常生活支援	家事 or 日常 or 生活 or 買い物 or 食事 or 宅配 or 掃除 or 洗濯 or 日常生活 or 配達 or 宅食 or ゴミ or 外出 or バス or タクシー or 代行	198
介護	介護 or 保険 or 医療 or 健康 or 健康増進 or ヘルパー or 介助 or デイサービス or ロボット or 認知症 or デイケア	108
交流	交流 or 交流会 or 人 or 一緒 or 会話 or 集まり or 集まる or 話し相手 or 話す or 相手 or コミュニティ or お茶 or コミュニケーション or サークル or 繋がり or 集まれる or サロン or 社交	97
見守り	見守る or 見守り or 見回り or 見張り or 安否確認 or 安否 or 様子 or 訪問 or 緊急 or 相談	71
経済的支援	年金 or 収入 or 無料 or ただ or 有料 or 無料化 or 安価 or お金 or 低価格 or 経済的 or 住宅 or ホーム or マンション	62
施設整備	施設 or 図書館 or 福祉センター or 保養所	42
趣味支援	趣味 or 旅行 or 旅 or カラオケ or アウトドア or カルチャー or レクリエーション or 教養 or スポーツ or 体操	37
仕事・社会活動	仕事 or ビジネス or 働く or 働ける or 雇用 or 職業 or ハローワーク or ボランティア活動 or 社会活動	31

図 7.9　「高齢者向けサービスのアイディア」のテーマ抽出

り，文書方向からの分析も行ったりした結果に基づいて，8つの仮説コード（テーマ）を図7.9のように構成しています（第6章でも取り上げましたが，改めて扱います）．出現頻度に大きな差がありますが，図7.9に関するコメントは以下のようです．

　　　抽出語の頻度や共起性分析から，買い物などに代表される「日常生活支援」というテーマと，「介護」のテーマへの期待が高いことがわかった．一方，出現頻度が必ずしも高くはないものの，一つのテーマにまとめられるものが複数あった．出現頻度の低い語も含めて，「高齢者向けサービスのアイディア」のテーマを，「日常生活支援」「介護」のほか，「交流」「見守り」「経済的支援」「施設整備」「趣味支援」「仕事・社会活動」の8個にまとめた（シード・プランニングの報告書より引用）．

　第6章でも注意したように，まとめきれなかったテーマがまだ残っていることも事実です．そして，抽出した8個の仮説コード（テーマ）を性年代別に分析した結果（クロス集計）が図7.10です．Excelも併用して描いたものです．各性年代のサンプル数がちょうど100であるため，実数とパーセントの数値は一致します．8個のテーマを1つの図にまとめている関係で，少し分かりにくい部分もありますが，第6章で解説している通り，対応分析などのほかの分析手法を適用したり，折れ線グラフを1つずつ描いたりすることも可能です．ま

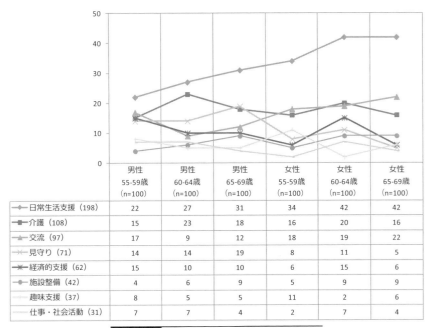

	男性 55-59歳 (n=100)	男性 60-64歳 (n=100)	男性 65-69歳 (n=100)	女性 55-59歳 (n=100)	女性 60-64歳 (n=100)	女性 65-69歳 (n=100)
日常生活支援（198）	22	27	31	34	42	42
介護（108）	15	23	18	16	20	16
交流（97）	17	9	12	18	19	22
見守り（71）	14	14	19	8	11	5
経済的支援（62）	15	10	10	6	15	6
施設整備（42）	4	6	9	5	9	9
趣味支援（37）	8	5	5	11	2	6
仕事・社会活動（31）	7	7	4	2	7	4

図 7.10 8個のテーマの性年代別分析

た，統計的な検定結果も含めて表示することもできます．報告書やレポートを読むと期待される対象者などを前提にいろいろ工夫してみるのがいいでしょう．さて，この図に対するコメントは以下の通りです．

「日常生活支援」は最も期待される高齢者向けサービスのテーマであるが男女差が大きい．女性の方の注目度が高いのは，買い物や食事などの日常生活を担っているのが女性であるためと考えられる．「交流」についても女性の期待が高い．逆に，「見守り」に期待するのは男性の方が高くなっている（シード・プランニングの報告書より引用）．

ここに示した事例は，プレゼンテーションなどの場面での一つの参考になると思います．実際には（裏側では）試行錯誤の結果として，膨大なアウトプットがあるわけですが，エッセンスだけを短縮化して示す場面などの参考にしてください．

この事例はレッスン用データとしてダウンロードできますので，読者自らも

是非分析を試みてください．データの編集の仕方，各分析におけるパラメータ
の設定の仕方，仮説コードの立て方などによって結果は当然同じになることは
ありません．しかしながら，最終的に導かれる結論には大きな相違はないと思
われます．ただし，解釈は本人次第ですし，ほかの情報と組み合わせることに
よって，さらにいろいろと深い考察もできるでしょう．

7.3 来街者による街の評価

次の事例は，東京都の自由が丘商店街で実施した来街者による街の評価の分
析結果です．地元商店街・商業者と産業能率大学地域科学研究所が共同実施し
たものですが，調査の実施からは年数が経過しているので現在の商店街の様相
とは異なる印象もあるという点はあらかじめお断りしておきます．

調査項目は，基本属性以外に来街手段や買い物の実態を調べています．それ
に加えて3つの自由記述による街の評価をしてもらっています．3つの評価項
目とは「どんな街だと思いますか」「気に入っているところはどんな点ですか」
「不満な点はどんなところですか」という質問ですが，分析上の観点から長所
と短所を別の質問として設定してあります．通行人に対する調査のため，自由
記述の部分はいずれも1～2行程度で回答してもらう形式にしています．調査
は，商店街の数か所で平日と土日の3日間にわたって実施し，全体で約750名
のサンプルを得ています．

最初に「どんな街だと思いますか」という街のイメージについての自由記述
を分析した結果を紹介します．図7.11にデータの一部を掲載します．F列の
空欄の部分は，無回答や「なし」「特になし」などのケースです．これらを除
いた有効票は約650件でした．

誤字脱字，表記の揺れなどのデータ編集の後，頻度の高い抽出語を検索する
と図7.12のような結果が得られました．圧倒的に「おしゃれ」なイメージの
街であることが分かります．ただし，ここでは「街」や「する」「ある」など
の一般的な動詞類は除いています．

抽出語間の共起性も含めて調べるために共起ネットワークと多次元尺度法を
利用して分析した結果を図7.13と図7.14に示します．「おしゃれ」との共起
性をあきらかにするためにここでは「街」も含めています．また2つの分析と

	A 性別	B 年代	C 性年代	D 所要時間	E 頻度	F どんな街
2	男	30代	男30代	15	5	散歩しやすい
3	女	10代	女10代	120	7	
4	女	30代	女30代	20	4	オシャレな街
5	女	10代	女10代	25	1	キレイ
6	女	30代	女30代	10	4	
7	女	30代	女30代	40	5	
8	女	50代	女50代	35	4	買い物に一人で来ても安心できる
9	女	30代	女30代	30	6	すてきなまち
10	女	30代	女30代	40	4	女性にとって便利
11	女	40代	女40代	15	2	ショッピングを楽しむ街
12	女	30代	女30代	60	1	オシャレな街
13	女	60代以上	女60代以上	20	4	オシャレな街
14	女	30代	女30代	60	5	雑貨がたくさん有り楽しい
15	女	40代	女40代	40	1	女性と子供が道路が狭いので危険
16	女	60代以上	女60代以上	10	7	個性的な便利な街
17	女	30代	女30代	20	3	地元
18	女	20代	女20代	20	6	
19	女	20代	女20代	40	4	
20	女	10代	女10代	5	7	楽しい
21	女	50代	女50代	15	2	懐かしい場所
22	女	30代	女30代	15	2	大人の女性向きのイメージ
23	女	30代	女30代	40	5	
24	女	10代	女10代	20	4	落ち着いたオシャレな街

図 7.11　街評価（イメージ）のデータ

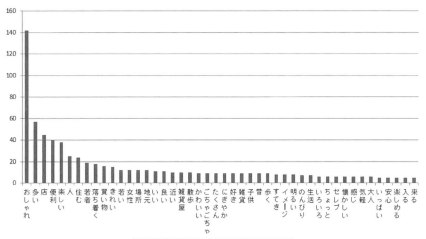

図 7.12　頻度の高い抽出語

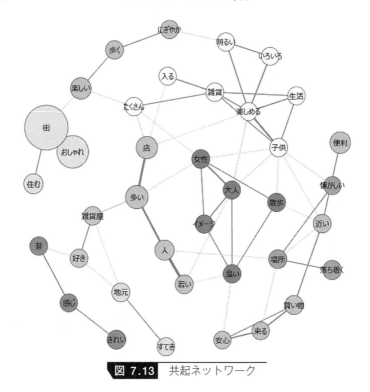

図 7.13 共起ネットワーク

も最小出現数は5と設定しています.

　出現頻度を図示した図7.12の場合には,「おしゃれ」だけが際立っているた
め,ほかの特徴が読みにくくなっていましたが,共起ネットワークや多次元尺
度法を併せて見ると,来街者の街の評価にはほかにもいろいろな特徴があるこ
とが分かります.たとえば,「店」や「人」が多いこと,「大人の女性」のイメ
ージがあること,「楽しい」「明るい」「懐かしい」「にぎやか」などの街全体の
雰囲気,あるいは「買い物」などの利便性などを挙げることができます.

　さらに抽出語方向からの検索と分析,文書方向からの検索と分析などの試行
錯誤を繰り返しながら,「どんな街」という街のイメージをいくつかの仮説コー
ドにまとめてみました.KH Coder に取り込むための5つの仮説コードを図
7.15のように設定してみました.来街者がどこに注目して街をイメージして
いるのかという観点から絞り込みました.おしゃれなイメージは最も大きなポ

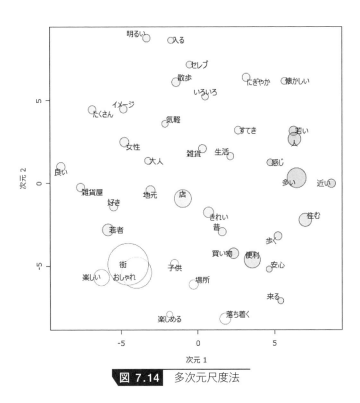

図 7.14 多次元尺度法

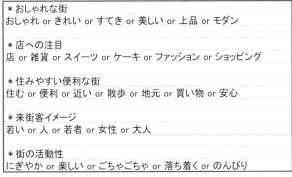

* おしゃれな街
おしゃれ or きれい or すてき or 美しい or 上品 or モダン

* 店への注目
店 or 雑貨 or スイーツ or ケーキ or ファッション or ショッピング

* 住みやすい便利な街
住む or 便利 or 近い or 散歩 or 地元 or 買い物 or 安心

* 来街客イメージ
若い or 人 or 若者 or 女性 or 大人

* 街の活動性
にぎやか or 楽しい or ごちゃごちゃ or 落ち着く or のんびり

図 7.15 街イメージの仮説コード

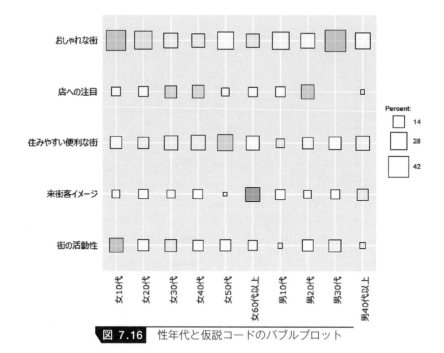

図 7.16　性年代と仮説コードのバブルプロット

イントですが，そのほかにも，前述の通り，店に関心を持つ人，来街客に注目
して街をイメージする人，近くに住んでいる人たちにとっては利便性が当然大
切なことだと思います．このような視点から抽出語を分類し仮説コードにまと
めています．

　性年代別に仮説コードとのクロス集計を行い，そこからバブルプロットと対
応分析をしてみました．図 7.16 と図 7.17 に示します．

　クロス集計の検定結果は，「おしゃれな街」と「来街客イメージ」は性年代
によって差があるという結果でした．「おしゃれな街」に関しては 10 代，20
代の女性と 30 代の男性の割合が高い一方で，30 代以上の女性の評価は高くな
い点に差がありますし，「来街客イメージ」は 60 代以上の女性のポイントが高
くなっています．そのほかにも統計的な有意差はともかくも，性年代によって
街を見るイメージに微妙な差があることがうかがえます．

　次に「気に入っている点」と「不満な点」の分析結果を補足的に説明します．
いずれも分析結果を 1 枚の構造図（と名づけて）としてまとめてみました（図

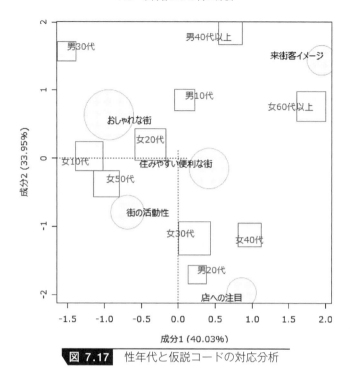

成分2 (33.95%)

成分1 (40.03%)

男30代 男40代以上 来街客イメージ 男10代 女60代以上 おしゃれな街 女20代 女10代 住みやすい便利な街 女50代 街の活動性 女30代 女40代 男20代 店への注目

図 7.17 性年代と仮説コードの対応分析

7.18，図 7.19）．これらの 2 つの図はいずれもあまり複雑な分析をしたもので
はありません．もっぱらテキストマイニングの「検索機能」を利用して分析者
自身が組み立てて描いたものです．街の長所や短所を表現するキーとして，特
に頻度の高かった形容詞に注目しました．「気に入っている点」の場合でいう
と「多い」「良い」「便利」などであり，「不満な点」の場合でいえば「多い」「少
ない」「狭い」などです．これらの語を中心にして，さらに共起性の高い関連
語をそれぞれ検索するという手順で図のような構造化を試みました．

　「気に入っている点」の場合は，「どんな街」という街イメージと多くの共通
点がありそうです．「おしゃれ」が店にも街並みにもかかわっていることが分
かりました．また，街の安全性や利便性も評価のポイントになっています．

　「不満な点」の場合は，車や自転車と通行人の間の問題が大きいことが分か
りました．また，「店」については，不満を感じている人もいるという現状で
した．

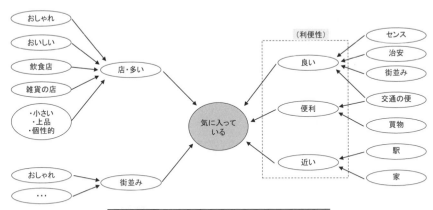

図 7.18　「気に入っている点」のまとめ

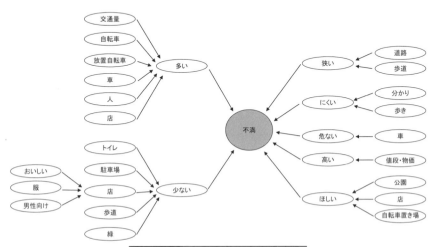

図 7.19　「不満な点」のまとめ

この事例ではあまり複雑な分析をしないで、単純な検索機能を繰り返し使ってみました。このようなことが可能になったのは、長所と短所を別々に質問しているためだと考えられます。分析も単純になりました。ただし、一歩踏み込んで、性別や年代などの外部変数とのかかわりまで調べるためには当然複雑な分析も必要になるでしょう。

いずれにしても、すべてをテキストマイニングの分析ツールだけで済ませるのではなく、Excelなどのほかのツールもうまく組み合わせて分析するのが効果的です。

さて、このようにして「来街者による街の評価」を分析した結果を持ち寄って、商業者の方々と街づくりの課題などについてディスカッションを行いましたが、来街者から見た街の現状を把握する上で、みんなで共有できる大変貴重な情報、資料となりました。

7.4 週報データの分析

4番目に紹介する事例は、野々村琢人氏、安村明子氏、弓倉陽介氏（株式会社東芝）による「週報のテキストマイニングによるリスク対応キーワード抽出」という論文です[*3]。これを引用させていただいた大きな理由は、実際にテキストマイニングを進める際の課題と対策が具体的にまとめられている点にあります。この点に触れる前に、論文の内容を順を追って少し紹介します。

まず論文要旨は以下の通りです。

　　ソフトウェアの研究開発管理において、週報などの報告書による情報は重要であるが、以下の課題がある。部門内のチームリーダーによる集約された週報では情報が欠落してしまう。逆に部門メンバー全員の週報は膨大で冗長な表現も多く、短時間での確認が困難である。今回、メンバー個人の週報および部門全員の週報に対してテキストマイニングを行い、リスク対応に必要なキーワードを抽出できることを確認した。（なお、ここでいう「リスク」とは「それが発生（顕在化）すると影響を与える不確実な事象・状態」とする。）

＊3) 本節は以下の文献に基づいて書かれたものです。
　　野々村琢人・安村明子・弓倉陽介「週報のテキストマイニングによるリスク対応キーワード抽出」ソフトウェア・シンポジウム 2016 in 米子、2016（論文奨励賞受賞 (http://sea.jp/ss2016/award.html)）。論文の引用を許可いただきました野々村氏をはじめ、著者の方々には改めてお礼申し上げます。

　テキストマイニングの適用範囲や分野は驚くほど広がっています．われわれ
の周りにはそういったテキスト形式のデータは至るところに存在しているとい
うことです．それを現状の問題解決のためにいかに有効に生かすかということ
がポイントになっています．

　さて野々村氏たちの論文は，step 1 として週報を入力としたテキストマイニ
ングによりリスク発見につながるキーワードを抽出し，step 2 として抽出した
キーワードをもとに担当者ヒアリングを実施し，step 3 としてヒアリングに基
づく課題対応という順番で試行実験の結果を詳細に報告しています．特に
step1 では「個人週報からのキーワード抽出」と「部門全員の週報からのキー
ワード抽出」という 2 つの実験が実施されており，それぞれの実験方法と実験
結果がまとめられています．これらの実験は KH Coder が利用されています．
ここには KH Coder のパラメータの設定による結果の相違などにも触れられ
ています．「個人週報からのキーワード抽出」のための一つの分析結果として
図 7.20 の共起ネットワークが掲載されています．

　この図をもとに個人週報のヒアリングに利用可能なキーワードが視覚的判断
によって選定されています．同様の分析をチーム週報に関しても行い，効果性
を確認しています．加えて文書検索機能などの利用効果についても議論されて
います．

　また「部門全員の週報の分析」実験に関しては，対応分析と特徴語抽出
（Jaccard 類似性）を利用してチーム間の違いを比較しています．対応分析の
結果は図 7.21 の通りです．縦軸横軸の上下左右に寄った語が特定のチームを
特徴づける，としています．また，Jaccard の類似性測度を計算して，各チー
ムの特徴語を 6 個ずつリストアップして週報内における出現割合（ヒット率，
定義式は論文参照）が比較されています．

　以上の実験を通して，一般的なテキストマイニングの課題と対応方法につい
て言及されていますが，この点は本書全般を通して説明したことでもあります
ので，若干紹介しましょう．まずは前処理として「データクレンジング」と「強
制抽出（専門用語の指定）」について触れられています．データクレンジング
とは，誤字脱字の修正，書式の統一，表記の揺れの修正などのことですが，こ
のことに関しては本書では第 2 章で「データの事前編集」として詳しく触れた
通りです．また，専門用語の強制抽出に関しては「My 辞書」という言葉で第

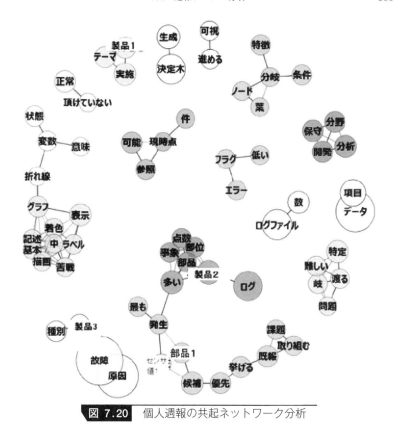

図 7.20 個人週報の共起ネットワーク分析

3章で説明した内容ですが，野々村氏たちの場合にはソフトウェアの研究開発に関連する用語を Web 上の IT 用語辞典からピックアップして利用しています．このような方策はほかの分野でも必ず必要になるプロセスなので大いに参考になります．テキストマイニングにおいては，実はこの前処理の段階が最も時間を要する部分です．この点をいかに効率的にできるかがポイントになってきます．繰り返し同様のデータを分析する場合には，情報を蓄積し継承していくことによってある程度までは改善していくことが可能になると思われますが，はじめてトライするような場面ではどうしても試行錯誤の時間が必要になります．そしてこれらの情報に関してはメンテナンスが必要なことはほかの場合も同様です．これらの点に関しては野々村氏たちの論文中でも後半で詳しく

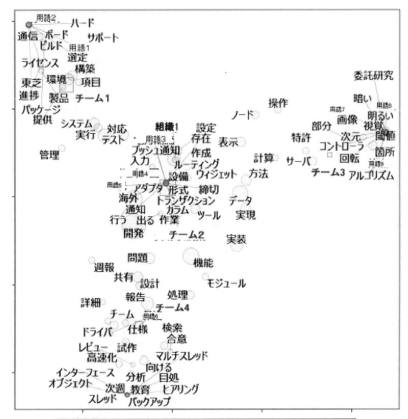

図 7.21　部門全体の週報（個人週報全員分）の対応分析

議論されていますので是非参照してください.

　そして得られた実験結果に対して，担当者のヒアリングによる評価と考察が行われています.その結果，「使えそうか否か」というアンケートに対する肯定的な意見は6～7割であり，一定の評価が得られたとしています.一方強いネガティブ評価も1割程度あり，活用のためにはまだまだ改善が必要であることも指摘しています.その一つのコメントとして，先に述べた前処理の課題も関連しているとしています.

　論文の最終段階に近いところに「課題と改善方針」が述べられており，特に「改善方針」には大変興味深い事項がまとめられているので要点を紹介しまし

よう.

　まずは2つのデータセットを準備したいというものです. 1つは「キーワード選定」のためのもの, もう1つは「強制抽出用の専門用語」のためのものとしています. 後者はこれまでに何回か触れてきましたが, 前者は「ソフトウェアの研究開発の管理において注意すべきワード」をデータセットとして用意しておけば, それを利用した抽出が可能になると指摘しています. 利用目的が明確になればそれだけ分析の精度が上がると期待されています.

　KH Coder を利用する上での改善方針についても言及されています. 前章までに利用方法を解説してきましたが, その中でも分析手法ごとに抽出語の出現回数や文書数の設定などに関しては試行錯誤が要求されました. この点をスムーズに行うために, 出現回数の最適な設定値を部門の人数や週報のボリュームからデフォルト値を決めるという考え方が示されています. KH Coder 内でもデフォルト値として初期設定はしてくれるのですが, 確かにこのような考え方が実現できるかどうかは課題の一つといえるでしょう.

　もう1点は,「週報表現の統一方法の工夫」によって改善したいとするもので, 記載する場合のフォームや専門用語の書き方を統一すれば精度の向上とオーバヘッド時間の短縮が期待できるとしています. この点に関しては第2章でも説明したような「文字列変換用の辞書」などを整備することでもある程度の改善はできる可能性がありますが, 組織内全体の情報の共有化・統一化は週報だけの問題だけではなく重要なテーマなので大きな検討課題といえます.

　最後に論文の「まとめ」部分の最後部を以下に引用したいと思います.

> 今後は, ソフトウェアの研究開発固有のデータセットの収集や用語表現の統一などのオーバヘッド削減に関して引き続き検討し, ソフトウェア研究開発における他のドキュメントへの適用なども検証していきたい（「週報のテキストマイニングによるリスク対応キーワード抽出」より引用）.

この点を大いに期待したいと思います. 野々村氏たちによるこの論文中で検討された課題や方策は, どのような分野のデータ分析にも共通するテーマであると思われます. 読者の方々, そして今後テキストマイニングを実践しようとしている方々にとって, 大いに参考になるものと確信します.

7.5　公的統計におけるコメントの分析

　最後の事例は内閣府経済社会総合研究所におられた河越正明氏（現在，日本大学経済学部）から本書のために寄稿していただきました[*4)]．

　さて，本稿は内閣府の経済社会総合研究所（ESRI）が行う「消費者マインドアンケート調査」（以下，アンケート調査という）で寄せられたコメントについて分析した事例ですが，特に以下の2点は，本書のこれまでの章では説明が十分でなかった部分を補う内容でもあり，テキストデータの分析を進めていく際に大いに参考になるものと思われます．

　① 巧みな仮説コーディング

　第6章で説明した通り KH Coder には仮説をコーディングするという大変強力な機能があります．複数の語を組み合わせる際の論理演算子として，本書ではもっぱら「or」（または|）を利用する例だけを説明してきました．河越氏の事例においては「文脈を考慮した仮説コーディングの例」として，いろいろな方法が適用されています．KH Coder のマニュアルは，仮説コーディングに関する説明に最も多くのページを割いていますので合わせて参照してください．

　② ベイズの定理の応用

　KH Coder にはベイズの定理を応用して文書を分類するベイズ学習という機能が搭載されています．本書の付録 C において，この方法を紹介するとともにベイズの定理の概要を説明しています．河越氏の事例においては「暮らし向き」に関する選択肢とコメントの関係をベイズの定理を用いて解明する試みが記載されています．クロス集計の結果を別の角度から解釈をしてみるといった点でアンケート調査の分析を行う際にも参考になります．

＊4)本節は以下の文献に基づいて書かれたものです．
　　1：塚田すず菜「消費者マインドアンケート調査（オープン調査）について：「誰でも」「どこでも」「自由に」回答できる調査に向けた試み」ESRI Research Note No. 35, 2017 年 7 月．
　　2：河越正明・北島美雪・塚田すず菜「消費者マインドアンケート調査（オープン調査）のテキストデータは何を語るのか？」ESRI Research Note No. 37, 2018 年 4 月．
　　河越氏をはじめ，内閣府経済社会総合研究所の松多秀一，浦沢聡士，北島美雪，塚田すず菜の各氏のご協力を得ました．ここに改めてお礼申し上げます．

以上の2点のほかにも興味深い議論が展開されています．それでは河越氏の原稿を掲載します．

■　■　■

この調査は「消費動向調査」という公式な統計調査に関連してはじまりました．消費動向調査は全国8400の調査世帯に毎月調査票を記入してもらって実施していますが，回答は調査に協力する余裕のある高齢者世帯に偏りがちです．そこで，このアンケート調査は，「誰でも」「どこでも」「自由に」回答できる調査として，内閣府のHP上でごく簡単な質問に回答してもらうかたちで2016年9月から実施されています．具体的には，調査の回答者は，「今後半年間の暮らし向き」について「良くなる／やや良くなる／変わらない／やや悪くなる／悪くなる」という5つの選択肢から選んだ後，その回答理由について自由にコメントを書きます．そして最後に，「1年後の物価の見通し」について選択肢から回答します．

公的な機関が行う統計調査の場合は定期的なデータ収集が可能ですが，これはなかなか民間機関では難しいことです．こうした定期的に蓄積されるデータから，変化を読み取ることが消費動向調査の主たる狙いとなりますが，アンケート調査の自由コメントについてはあまり分析されていませんでした．ここではその一例を紹介します．

まず，「暮らし向き」について，2016年9月から2017年12月までの全体的な動きを見ましょう．図7.22は，アンケート調査と消費動向調査から計算される暮らし向きの意識指標を示しています．意識指標はどちらの調査で見ても時間の経過とともに改善しているものの，その改善幅は前者の方が大きく，また意識指標の水準も前者の方が高くなっています．こうした違いが単に調査方法の違いによるのか，高齢者比率など回答者の属性の違いによるのかは精査が必要です．

アンケート調査では，回答者全員がコメントを書くわけではなく，期間計で72%です．コメントの内容を分析する前にコメント回答者に何か偏りがないか検討してみましょう．図7.23はコメントした者としない者別に選択肢の回答状況を比較したものですが，あきらかにコメントを書いた者の方が「暮らし向き」について厳しい評価をしています．したがってコメント内容の分析から得

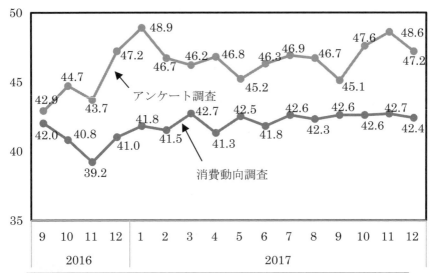

図 7.22　暮らし向きの意識指標の推移：消費動向調査とアンケート調査

意識指標は，回答の 5 段階評価にそれぞれ点数を与え，この点数に各回答の構成比を乗じて合計することにより求めている．各評価に与える点数は，「良くなる」に＋1,「やや良くなる」に＋0.75,「変わらない」に＋0.5,「やや悪くなる」に＋0.25,「悪くなる」に 0 である．

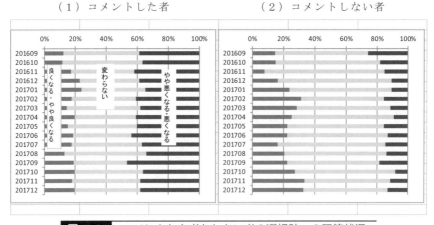

図 7.23　コメントした者としない者の選択肢への回答状況

2016 年 9 月から 2017 年 12 月の回答者総数 3810 人のうち，コメントした者は 2740 人，しない者は 1070 人．なお，回答は 5 区分を 3 区分にまとめている．

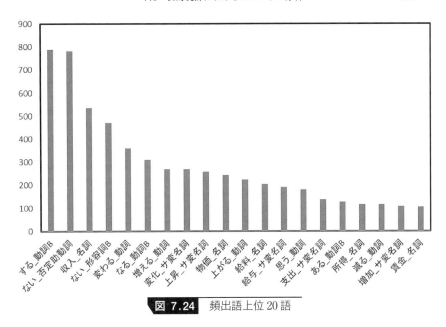

図 7.24 頻出語上位 20 語

られた結果には，アンケート調査全体の平均的な意見より悲観的な見方に偏っていることには留意が必要になります．

　コメントの内容については，まず頻出語を見てみましょう．図7.24が示すように，「ない」という語が頻出します．形容詞Bの「ない」を検索すると，「給料が上がらない」「ボーナスが増えない」というふうに使われています．ここから，「上がる」「増える」という語は暮らし向きが改善している場合に使われそうですが，否定されることも多いので，こうした語の頻度で暮らし向きを判断するのは難しそうです．また，給料が「上がる」ことは暮らし向きを改善しますが，失業率が「上がる」と悪化するでしょう．したがって，その単語が本当に肯定的な文脈で使われていることを見極める必要があります．

　本当にある単語が暮らし向きが改善する文脈で使われているかどうかを見極めるためには，仮説コーディングに工夫が必要です．図7.25はその一例として，収入・所得が増えるというコメントの仮説コーディングを示しています．「増える」や「良い」という語が「ない」という否定の語と一緒に用いられないことを確認しつつ，それが「収入」や「所得」に関連する場合だけを捉えよ

```
*増える・良い等
( 増やす | 増える | 増す | 上昇 | 上がる | 上げる | 明るい | 増加 | 多い | 好転 | 良く | あがる | 上向く |
上向き | 見込み | 見込める | 見込む | 出る | 拡大 | アップ | 安定 | 回復 | 期待できる | できる | 期待 | 期
待する | 期待出来る | 高い | 回復基調 | 改善 | 高騰 | 余裕ができる | 余裕が出来る | 余裕がでる | 余裕
が出る | 余裕がある | 決まる | よい | 入る | 向上 | 安い | 堅調 | 増 | 増額 | 上回る | 引上げ | 底堅い |
望める | 高まる | 持ち直し | 軽減 | 好調 | 増大 | 持ち直す | 順調 | 微増 　)&!( ない | 無い | ぬ | にくい |
ん )

*収入関連
収入 | 給料 | 給与 | 所得 | 賃金 | ボーナス | 総雇用者所得 | 所得状況 | 賞与 | 夏季賞与 | 特別賞与 |
賞与額 | 所得情勢 | 可処分所得 | 所得環境 | 支給 | 支給額 | お金 | 手取り収入 | 手取り給与 | 手取り給
料 | 手取り額 | 手取り金額 | 手取り | 賃上げ | 賃下げ | 家計所得 | 給与水準 | 所得水準 | 給料水準 | 購
入 | 貯蓄 | 投資 | 年収 | 固定給 | 貯金 | ベースアップ | ベア | 年俸 | 手取給与 | 手取 | 家賃収入 | 最低
賃金 | 時給 | 不動産収入 | 基本給 | 月給 | 賃貸収入 | 利息 | 金融資産

*収入関連__増える
( ＜*収入関連＞ & ＜*増える・良い等＞ ) | ( 賃上げ &!( ない | 無い | ぬ | にくい | ん ) )
```

図 7.25　文脈を考慮した仮説コーディングの例

うとしています．この「＊収入関連__増える」と同様に「＊収入関連__横ばい」
や「＊収入関連__減る」を作成することで，収入の変化の方向性を探ることが
できます．

　また，この変化の方向性を探るのは，収入だけでなく支出，物価，海外情勢，
株・為替などさまざまな項目を対象にできます．そこで選択肢の回答別（「良
くなる・やや良くなる／変わらない／やや悪くなる・悪くなる」の3区分）に，
いくつかの項目についてどのような方向性のコメントをしているか，出現率を
調べたのが表7.2です．

　表7.2によれば，「良くなる・やや良くなる」を選択した人では，収入関連
で増える方向性のコメントをすることが多い傾向にあります．また，雇用関連
で良いという方向のコメントの出現率が高いことから，その背景には雇用の改
善があると思われます．「やや悪くなる・悪くなる」を選択した人については，
収入関連で横ばいの方向性のコメントと，減る方向性のコメントがほぼ同じく
らいの出現率です．「やや悪くなる・悪くなる」を選択した人では，物価関連
で上がる方向性のコメントの出現率が高くなっていますので，おそらく収入は
変わらない一方で，物価が上がるので暮らし向きが悪くなっているという趣旨
のコメントがあると思われます．

　これまでは，ある選択肢を選んだ人がどういうコメントをする傾向があるか
を見ていました．しかし，もっと興味深いのはあるコメントを貰ったときに，

表 7.2 各項目の変化の方向性に関するコメントの出現率(%):回答3区分別

	良くなる・やや良くなる	変わらない	やや悪くなる・悪くなる
＊収入関連__増える	33.2	4.8	7.4
＊収入関連__横ばい	3.6	46.8	18.1
＊収入関連__減る	3.0	4.4	19.9
＊物価関連__上がる	2.4	1.5	15.1
＊物価関連__横ばい	0.9	7.3	7.8
＊物価関連__下がる	0.2	0.6	6.6
＊雇用関連__良い	17.8	1.3	2.3
＊雇用関連__横ばい	1.5	4.7	3.7
＊雇用関連__悪い	2.4	0.8	6.4

そのコメントが暮らし向きについて持っている意味は何なのかということです．これはベイズの定理を利用して比較的容易に計算できます．たとえば，暮らし向きが「良くなる・やや良くなる」(G)を選択した人のコメントに収入関連が増える(U)という趣旨の語が出現する確率が分かりますので（Prob(U|G)＝33.2%），暮らし向きが「良くなる・やや良くなる」を選択する確率（Prob(G)＝18.2%）と収入関連が増える趣旨のコメントの出現率（Prob(U)＝10.7%）を利用して，収入関連が増えるという趣旨のコメントが暮らし向きが「良くなる・やや良くなる」ことを意味する確率（Prob(G|U)＝Prob(U|G)×Prob(G)÷Prob(U)＝56.7%）が求められます．

このようなやり方で，各項目について，増加（横ばい，減少）の方向性のコメントをした場合に暮らし向きが良くなる（横ばい，悪くなる）ことを意味する確率を求めた結果が図7.26になります．これを見ると，企業関連や雇用関連で増加の方向性のコメントをした人は，暮らし向きが良くなると回答する確率が高いことが分かります．収入関連はそれほど高くはありません．物価関連では物価が上がったという方向性のコメントをした人が暮らし向きが良くなると回答する確率はきわめて低いことが分かります．図にはありませんが，物価が上がったという方向性のコメントをする人が暮らし向きが悪くなったと回答する確率を求めると70.2%となります．

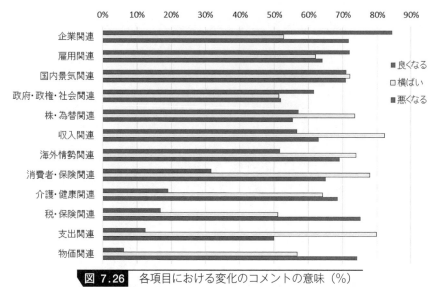

図 7.26　各項目における変化のコメントの意味（%）

縦軸の各項目について，増加（横ばい，減少）の方向性のコメントをした場合に，暮らし
向きが良くなる（横ばい，悪くなる）と回答する確率を計算した結果を掲げている．

　次にどの指標が減少した（下がった）場合に暮し向きが悪くなったと回答す
る確率が高いかを見ると，税・保険関連（この場合は負担増），企業関連，物
価関連，国内景気関連で7割を超える確率となっています．

　最後に，暮らし向きに関する意識の構造を探るために，関心事項が年齢層に
よってどのように異なるか，年代と仮説コードの対応分析で見てみましょう．
図7.27が示すように，現役若手世代（20，30代）では，安定した職に就ける
かどうかに関心があるためか，雇用や収入関連のコメントが多い傾向が分かり
ます．これが家庭を持っていろいろ物入りとなる現役シニア世代（40，50代）
になると，関心事項は支出や物価動向にも拡がります．また，現役若手世代で
は収入は増えるというコメントが多いようですが，現役シニア世代のコメント
では横ばいが多く，企業が賃金カーブの傾きを緩やかにしているという見方と
整合します．退職世代の60，70代になると，関心も物価と税・社会保障に移っ
ていきます．このように年代によって関心事項が違いますから，「暮らし向き」
が良くなった（悪くなった）といっても，それが具体的に何を意味するのかは
注意深く検討する必要がありそうです．

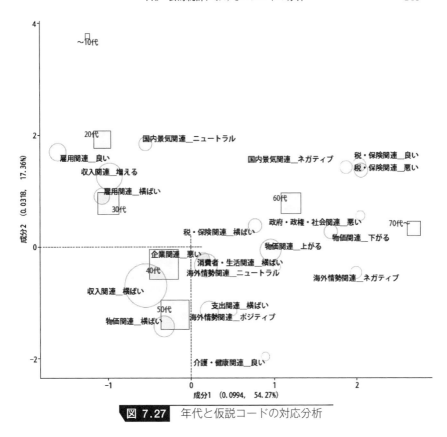

図 7.27 年代と仮説コードの対応分析

　こうした消費動向のコメントの分析はまだ緒についたばかりですので，今後さらに研究を深めていくことが期待されます．

付録**A**　データ編集の補足／
Excel マクロによる一括変換

　Excel の置換機能を利用して一つずつ置換変換することも可能ですが，ここでは一括変換するマクロを紹介します．Web サイトの本書紹介ページから言葉の置換・変換を一括して行う Excel マクロをダウンロードすることができます．その使い方を事例に基づいて説明します．

　2つのシートを使います．1つは，図 A.1 のように，変換対象のテキストデータ全体を貼りつけるシートです．もう1つは，図 A.2 に示す文字列の変換対応表です．「高齢者向けサービス」の事例で作成してみました．

　図 A.1 の B列のテキストデータが，図 A.2 に示した変換対応表によって変換されます．手順は以下の通りです．

① 　図 A.1 の B列に変換対象のテキストデータ全体をコピーして貼りつけます．

② 　同様に，データの分だけ A列に連番を入力します．

③ 　図 A.2 の A列，B列に文字列変換の対応表を作成します．A列の文字列が見つかると B列の文字列に変換されます．14 行目のような記号でも大丈夫です．また文字列を削除する場合には，B列は空欄にします．

　　　A列の「検索文字列」に Ctrl+j を設定する（Ctrl キーを押しながら J キーを入力する）ことによって改行コードも削除したり，適当な文字列に変換したりするなどの編集をすることができます．

④ 　図 A.1 上で，マクロを実行します．

⑤ 　E列には変換後のテキストデータが，C列には変換された文字列の数が出力されます（D列はダミーとして使っています）．

⑥ 　E列の変換後のテキストデータがテキストマイニングの対象になります．もとのファイルに戻して利用します．その際，変換前のデータも残しておきましょう．

　図 A.3 は，変換後のデータシートです．この範囲のデータの中では，No=3 と 6 で変換が発生しています．変換対象の文字列は，「セービス」と「老人」

A No	B 変換対象テキストデータ	C 変換数	D	E 変換後
1	家事のお手伝いさん。			
2	ネットお見合い			
3	対話重視のサービス。			
4	話し相手			
5	健康増進プログラム			
6	社会的な老々介護の仕組み。年金受給年齢になったら、一定の介護労働に義務化する。老々介護に参加しない人には年金を減額する。			
7	時間あると思うので社会貢献できるサークルがあり、地域貢献できる環境があれば良いと思います。			
8	具体的なアイディアは浮かばないが、基本的には、機械やテクノロジーに頼ることなく、心の触れ合いを重視したサービスがあれば良いと思う。			
9	混雑時の高齢者専用電車			
10	宗教を介さずに死ぬことに対する恐怖心を軽減してくれるサービス			

図 A.1　変換前のテキストデータ

A No	B 変換対象テキストデータ	C 変換数	D	E 変換後
1	家事のお手伝いさん。	0		家事のお手伝いさん。
2	ネットお見合い	0		ネットお見合い
3	対話重視のサービス。	1		対話重視のサービス。
4	話し相手	0		話し相手
5	健康増進プログラム	0		健康増進プログラム
6	社会的な老々介護の仕組み。年金受給年齢になったら、一定の介護労働に義務化する。老々介護に参加しない人には年金を減額する。	1		社会的な老々介護の仕組み。年金受給年齢になったら、一定の介護労働に義務化する。老々介護に参加しない高齢者には年金を減額する。
7	時間あると思うので社会貢献できるサークルがあり、地域貢献できる環境があれば良いと思います。	0		時間はあると思うので社会貢献できるサークルがあり、地域貢献できる環境があれば良いと思います。
8	具体的なアイディアは浮かばないが、基本的には、機械やテクノロジーに頼ることなく、心の触れ合いを重視したサービスがあれば良いと思う。	0		具体的なアイディアは浮かばないが、基本的には、機械やテクノロジーに頼ることなく、心の触れ合いを重視したサービスがあれば良いと思う。

図 A.3　変換後のデータシート

	A	B
1	検索文字列	置換文字列
2	買物	買い物
3	買いもの	買い物
4	ショッピング	買い物
5	サーヴィス	サービス
6	セービス	サービス
7	コミュニティー	コミュニティ
8	コミニティー	コミュニティ
9	コミュニュティ	コミュニティ
10	スマートフォン	スマホ
11	値段	価格
12	ゴミ	ごみ
13	老人	高齢者
14	·	、

■改行コードの編集
・A列の「検索文字列」に Ctrl + j（Ctrlキーを押しながらJキー）を入力する.
・対応するB列には，空白，「。」「，」など適当な文字を入力する.
・空欄にすると改行コードは削除される.

図 A.2　変換対応表

であることが分かります.

Excel の置換機能を利用して，1 個ずつ変換した場合には，何をどのように変換したのかをメモしておく必要がありますが，このマクロを利用するとそれが無用です．もとのテキストデータと同じフォルダ内にこの変換対応表を保存しておきましょう.

前述の通り，この編集作業は，テキストマイニングを実施途中で，何回か実行することになるでしょう．その際には，図 A.2 の同じ変換対応表を手直しして，原文を再度編集すればいいでしょう.

付録B Excel マクロによる外部変数と抽出語のクロス集計

第4章で解説した対応分析と共起ネットワークの一つは，抽出語と外部変数とのクロス集計に基づいています．ここではクロス集計そのものを行う Excel マクロについて補足的に説明します．このマクロは，朝倉書店 Web サイトの本書紹介ページからダウンロードすることができます．

さらに，［ツール］メニューの［外部変数と見出し］を利用して，外部変数と特徴的な語を抽出表示する機能についても説明します．

B.1 クロス集計用 Excel データ

最初にクロス集計の対象とする抽出語を Excel に出力します．図 B.1 のように，［プロジェクト］メニューの［エクスポート］からたどって出力用の

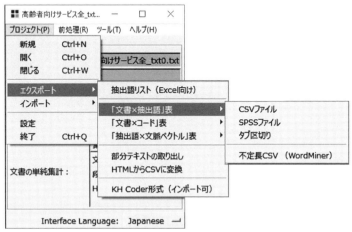

■「プロジェクト」＞「エクスポート」＞「文書×抽出語」表
＞CSVファイルとたどって，出力用のExcelファイルを設定する

図 B.1 出力用ファイルの設定

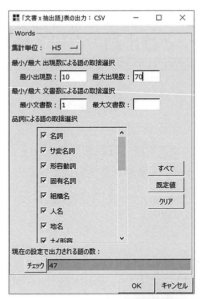

■抽出語の出力条件を設定する
・出現数や文書数による語の取捨選択
・品詞による語の取捨選択

図 B.2　抽出語の選択例

	A	B	C	D	E	F	G	H	I	J	K	L	
1	h1	h2	h3	h4	h5	id	length_c	length_w	家事	自分	システム	向け	ロォ
2	0	0	0	0	1	1	10	5	1	0	0	0	
3	0	0	0	0	2	2	7	3	0	0	0	0	
4	0	0	0	0	3	3	10	5	0	0	0	0	
5	0	0	0	0	4	4	4	1	0	0	0	0	
6	0	0	0	0	5	5	9	3	0	0	0	0	
7	0	0	0	0	6	6	62	40	0	0	0	0	
8	0	0	0	0	7	7	46	25	0	0	0	0	
9	0	0	0	0	8	8	65	36	0	0	0	0	
10	0	0	0	0	9	9	11	6	0	0	0	0	
11	0	0	0	0	10	10	30	16	0	0	0	0	
12	0	0	0	0	11	11	28	13	0	0	0	1	
13	0	0	0	0	12	12	7	3	0	0	0	0	
14	0	0	0	0	13	13	22	15	0	0	0	0	
15	0	0	0	0	14	14	2	2	0	0	0	0	
16	0	0	0	0	15	15	7	5	0	0	0	0	
17	0	0	0	0	16	16	4	2	0	0	0	0	
18	0	0	0	0	17	17	51	29	1	0	0	0	
19	0	0	0	0	18	18	5	3	0	0	0	0	
20	0	0	0	0	19	19	19	12	0	0	0	0	

図 B.3　抽出語の Excel ファイルへの出力

	A	B	C	D	E	F	G	H	I	J	K
1	id	性年代	性別	就業形態	子供の有無	家族構成	家事	自分	システム	向け	ロボ
2	1	男性55-59歳	男	3	2	1	1	0	0	0	
3	2	男性55-59歳	男	3	1	4	0	0	0	0	
4	3	男性55-59歳	男	3	1	4	0	0	0	0	
5	4	男性55-59歳	男	3	2	3	0	0	0	0	
6	5	男性55-59歳	男	3	1	4	0	0	0	0	
7	6	男性55-59歳	男	1	2	2	0	0	0	0	
8	7	男性55-59歳	男	3	2	1	0	0	0	0	
9	8	男性55-59歳	男	1	2	3	0	0	0	0	
10	9	男性55-59歳	男	1	1	4	0	0	0	0	
11	10	男性55-59歳	男	1	2	2	0	0	0	0	
12	11	男性55-59歳	男	2	1	5	0	0	0	1	
13	12	男性55-59歳	男	3	2	2	0	0	0	0	
14	13	男性55-59歳	男	3	2	1	0	0	0	0	
15	14	男性55-59歳	男	5	1	3	0	0	0	0	
16	15	男性55-59歳	男	3	1	3	0	0	0	0	
17	16	男性55-59歳	男	3	1	4	0	0	0	0	
18	17	男性55-59歳	男	3	1	4	1	0	0	0	
19	18	男性55-59歳	男	3	2	1	0	0	0	0	
20	19	男性55-59歳	男	4	1	5	0	0	0	0	
21	20	男性55-59歳	男	3	1	5	0	0	0	0	

図 B.4 外部変数と抽出語のデータ

Excel ファイルを設定してください.

抽出語の出力条件を設定する画面が表示されるので,出現回数や品詞によって選択してください.図B.2では出現回数について 10〜70 としています.

ファイル名を指定すると,図B.3のように抽出語が出力されます.この図の場合はI列の「家事」以降が選択した抽出語の並びです.

抽出語の列のほかは「id」の列だけ残し,「高齢者向けサービス」の外部変数の列を挿入します.編集した結果を図B.4に示します.

これで外部変数と抽出語のクロス集計の準備ができました.

B.2 クロス集計の実行

クロス集計用の Excel マクロのファイルには,以下の6つのシートが含まれています.

① マクロ概要:機能の概要や手順フローの説明
② 集計指示表:集計対象の変数などを指定して実行する
③ 集計表:集計結果を表示する

④　データシート 1〜3：3 枚のデータ貼りつけ用シート

使い方は簡単なので，具体的に説明していきます．

■ B.2.1　データの貼りつけ

　データシート 1〜3 のいずれかに分析対象のデータを貼りつけます．図 B.4 のデータは，図 B.5 のように貼りつけます．

　データを貼りつける際にいくつかの注意事項があります．1 行目はシステム側が使います．列番号が 1 から入っています．また，1 列目には実際のデータの分だけサンプル番号などの空白ではない値が入力されていなければなりません．この列を見ながら空白が表れるまで集計していきますので，多くても少なくてもダメです．また，2 行目には項目（変数）のラベルを入力してください．この事例では，外部変数の名称や抽出語の名称が入力されています．「就業形態」や「子供の有無」のようなカテゴリー値（$1, 2, 3, \cdots$）が入力されている場合には，カテゴリーのラベルを項目ラベルの行の前に 1 行ずつ入力しておくことも可能です．

	A	B	C	D	E	F	G	H	I	J	K
1	1	2	3	4	5	6	7	8	9	10	11
2	id	性年代	性別	就業形態	子供の有無	家族構成	家事	自分	システム	向ナ	ロボット
3	1	男性55-59歳	男	3	2	1	1	0	0	0	0
4	2	男性55-59歳	男	3	1	4	0	0	0	0	
5	3	男性55-59歳	男	3	1	4	0	0	0	0	
6	4	男性55-59歳	男	3	2	3	0	0	0	0	
7	5	男性55-59歳	男	3	1	4	0	0	0	0	
8	6	男性55-59歳	男	1	2	2	0	0	0	0	
9	7	男性55-59歳	男	3	2	1	0	0	0	0	
10	8	男性55-59歳	男	1	2	3	0	0	0	0	
11	9	男性55-59歳	男	1	1	4	0	0	0	0	
12	10	男性55-59歳	男	1	2	2	0	0	0	0	
13	11	男性55-59歳	男	2	1	5	0	0	0	1	
14	12	男性55-59歳	男	3	2	2	0	0	0	0	
15	13	男性55-59歳	男	3	2	1	0	0	0	0	
16	14	男性55-59歳	男	5	1	3	0	0	0	0	
17	15	男性55-59歳	男	3	1	3	0	0	0	0	
18	16	男性55-59歳	男	3	1	4	0	0	0	0	
19	17	男性55-59歳	男	3	1	4	1	0	0	0	
20	18	男性55-59歳	男	3	2	1	0	0	0	0	
21	19	男性55-59歳	男	4	1	5	0	0	0	0	
22	20	男性55-59歳	男	3	1	5	0	0	0	0	
23	21	男性55-59歳	男	3	1	4	0	0	0	1	

図 B.5　データシートへの貼りつけ

■B.2.2　集計指示表の作成と実行

クロス集計の対象となる外部変数と抽出語を指示します．ほかにいくつかの集計用のパラメータも併せて設定します．図 B.6 がその例です．集計指示表は 2 つの部分からなります．

① データシートの指定

ここではデータが入力されているシートを選択し，データ開始行と項目ラベルの行番号を設定します．ここまでは必須です．もし項目ラベルが入力されている場合は，そのはじめの行番号を設定します．そこから空白になるまで，最大で項目ラベルの 1 つ前の行まで読み込みます．この例では，2 行目に項目ラベルがあり，データは 3 行目から入力されていることを示しています．

② クロス集計の指示表

外部変数をクロス表の表側に，抽出語を表頭に割り当ててクロス表を作成しますが，この指示表では，集計対象の外部変数の列位置と抽出語の列位置をまとめて指定します．10 組まで設定できます．最初の集計は，2 列目の外

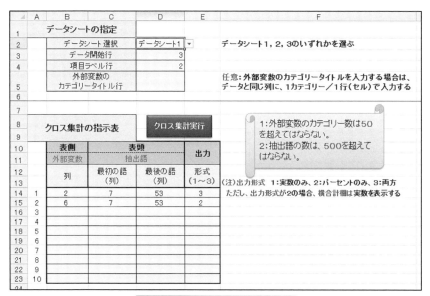

図 B.6　集計指示表の作成

部変数と 7〜53 列目までの抽出語のクロス集計を行うことを指示していま
す．また，出力形式は実数とパーセントの両方を出力します．

　［クロス集計実行］をクリックすると集計が行われ，集計表シートに結果
が出力されます．

■ B.2.3　集計結果の表示

　図 B.7 に「性年代」と抽出語のクロス集計の一部を示しました．罫線は後
で入れました．この図では見えませんが，最後の列は外部変数のカテゴリー別
のサンプル数が求められており，パーセント計算はその値をベースに計算され
ています．また，その 1 つ前の列には「＃該当語_無し」という列が挿入され
ますが，ここには選択した抽出語のいずれも回答文に含んでいない件数が集計
されています．

　クロス表の最後の列には「レンジ」が求められています．この値は外部変数
のカテゴリーによって，それぞれの抽出語の使用率の違いを見るための指標と
して計算しました．たとえば，G 列の「病院」は性年代によって 9% の差があ
ることを示しています．対応分析や共起ネットワークの結果と比較しながら見
てみるのも興味深いと思います．

　クロス集計用として出力した Excel ファイルのデータは，KH Coder 内に装
備されている検索や分析手法以外に，ほかのソフトウェアなどを使って，自分
独自で分析してみたいという場合にも利用することができるので便利です．

A	B 表側	C 性年代	D 表頭	E 抽出語	F	G	H	I	J	K	L	M	N
	家事	自分	システム	向け	ロボット	病院	自宅	無料	場所	地域	社会	保険	バス
女性55−59歳	7	8	4	1	4	9	4	3	4	1	2	4	0
	7.0	8.0	4.0	1.0	4.0	9.0	4.0	3.0	4.0	1.0	2.0	4.0	0.0
女性60−64歳	8	5	2	3	5	3	3	2	4	1	2	3	3
	8.0	5.0	2.0	3.0	5.0	3.0	3.0	2.0	4.0	1.0	2.0	3.0	3.0
女性65−69歳	6	3	5	3	2	5	4	1	4	5	0	1	6
	6.0	3.0	5.0	3.0	2.0	5.0	4.0	1.0	4.0	5.0	0.0	1.0	6.0
男性55−59歳	4	2	2	4	3	0	0	4	0	4	2	0	0
	4.0	2.0	2.0	4.0	3.0	0.0	0.0	4.0	0.0	4.0	2.0	0.0	0.0
男性60−64歳	4	6	4	5	1	1	4	3	1	2	3	2	1
	4.0	6.0	4.0	5.0	1.0	1.0	4.0	3.0	1.0	2.0	3.0	2.0	1.0
男性65−69歳	9	4	3	4	4	0	2	2	1	1	4	2	1
	9.0	4.0	3.0	4.0	4.0	0.0	2.0	2.0	1.0	1.0	4.0	2.0	1.0
計	38	28	20	20	19	18	17	15	14	14	13	12	11
	6.3	4.7	3.3	3.3	3.2	3.0	2.8	2.5	2.3	2.3	2.2	2.0	1.8
レンジ	5.0	6.0	3.0	3.0	4.0	9.0	4.0	3.0	4.0	4.0	4.0	4.0	6.0

図 B.7　「性年代」と抽出語のクロス集計

B.3 「外部変数と見出し」の利用

KH Coder の［ツール］メニューの中に［外部変数と見出し］という項目が
あります．この項目を選択すると図 B.8 が開きます．ここから外部変数の特
定のカテゴリーの特徴語を調べたり，すべてのカテゴリーの特徴語を一覧表示
して比較したりすることができます．

■ B.3.1　外部変数の特定の値（カテゴリー）の特徴語

性年代などの外部変数について，特定の値，たとえば女性 55-59 歳に特徴的
な抽出語を共起性の高い方から順番に出力することができます．

図 B.8 のように外部変数と値を選択して特徴語を表示させます．この例で
は性年代の「女性 55-59 歳」の特徴語を調べようとしています．選択した値を
Shift キーを押しながらダブルクリックするか，画面下の［▽特徴語］のプル
ダウンメニューの中の［選択した値］をクリックします．

結果として図 B.9 の関連語検索画面が出力されます．関連性の高い抽出語
から順番に表示されます．関連性の指標はオプションですが，図では標準設定
として Jaccard 係数が指定されています．フィルタ設定して共起ネットワーク
を描くことができます．

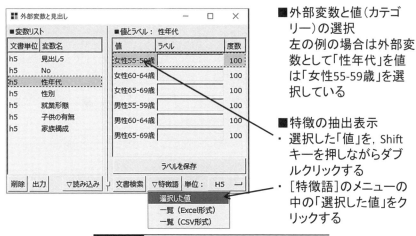

図 B.8　外部変数の値から特徴語を調べる

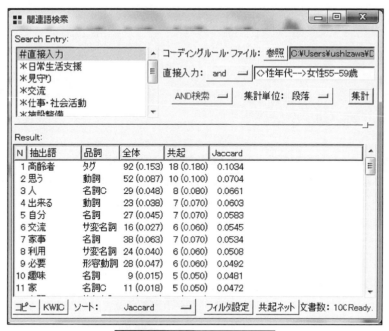

図 B.9　　特徴語の表示画面

■ B.3.2　外部変数の特徴語一覧

　特定の値の特徴語を調べるのではなく，すべての値（カテゴリー）について
まとめて一覧表示することもできます．図 B.8 の［▽特徴語］メニューの［一
覧（Excel 形式）］または［一覧（CSV 形式）］を選択すると，図 B.10 のよう
な結果が得られます．すべての値について，Jaccard 係数の高い方から 10 語
が表示されます．値（カテゴリー）に共通する抽出と固有の抽出語の共起性
の大きさを具体的に比較することができます．

　外部変数との共起ネットワークや対応分析とともに利用してください．

	A	B	C	D	E	F	G	H	I	J	K	L
1												
2	女性55-59歳			女性60-64歳			女性65-69歳			男性55-59歳		
3	高齢者	.103		サービス	.143		買い物	.124		支援	.081	
4	思う	.070		高齢者	.116		思う	.118		見守る	.041	
5	人	.066		介護	.101		良い	.068		年金	.039	
6	出来る	.060		買い物	.080		今	.063		地域	.037	
7	自分	.058		人	.075		施設	.061		無料	.036	
8	交流	.055		思う	.070		食事	.059		受ける	.035	
9	家事	.053		代行	.063		人	.057		向け	.035	
10	利用	.051		家事	.062		バス	.057		機会	.029	
11	必要	.049		施設	.061		病院	.046		具体的	.029	
12	趣味	.048		付き添い	.059		出来る	.042		同行	.029	
13	男性60-64歳			男性65-69歳								
14	生活	.078		サービス	.171							
15	健康	.063		高齢者	.110							
16	介護	.063		代行	.079							
17	食事	.059		家事	.070							
18	支援	.056		施設	.069							
19	自分	.050		支援	.064							
20	相談	.046		介護	.063							
21	補助	.046		生活	.062							
22	向け	.044		健康	.054							
23	見守る	.041		見守る	.050							
24												

図 B.10 特徴語の一覧表示

付録C ベイズ学習による分類

　ここでは，文書方向からの分析の方法の一つである「ベイズ学習による分類」について解説します．この方法は，本書の目的である「アンケート調査データの分析」の方法としてはかなり特殊で，利用場面が少ないため，本文では取り上げませんでした．

　さて，「ベイズ学習による分類」とは，一言で言うと，お手本を見習って分類する方法です．これまでに取り上げたクラスター分析や自己組織化マップは，いわばシステムがデータを見て勝手に（自動的に）分類してくれました．ベイズ学習による分類の場合は，あらかじめ分析者が，この文書はこのカテゴリーに分類したというお手本を外部変数の一つとして入力しておき，その見本に沿ってトレーニングをします．その結果を分類基準として学習し，新たなデータセットの分類に役立てようとする方法です．同じ目的の調査を繰り返し実施する場合や，お手本で学習した結果と実際を比較して有効性を検討するなどいろいろな利用法が考えられます．

　ところで，この方法には「ベイズの定理」が応用されています．はじめにこの考え方について説明します．その後，テキストマイニングへの応用として，これまでと同じ「高齢者向けサービス」のデータで実際に動かしてみましょう．

C.1 　ベイズの定理とテキストマイニングへの応用

　ベイズの定理は身近なところで実際に応用されています．図C.1は，ベイズの定理の考え方を迷惑メールの事例を用いて概説したものです．迷惑メールの問題は，次のような内容です．

　最初に，今までに届いたメールを全部整理して，「迷惑メール」と「非迷惑メール」に分類し，各グループに同じ言葉（Word）がどの程度の割合（確率）で含まれるのかを計算します．さらに，これまでの経験や実績を整理分析して，「迷惑メールの場合に『ある Word』が使われている確率」や「迷惑メー

ルでない場合に『ある Word』が使われている確率」などの，いわゆる条件つき確率を計算します．これらを整理したものが，図 C.1 の「与えられている情報」の部分です．ここまでが既存の情報を学習する段階になります．

　次の段階では，学習した結果を使って，新たに届いたメールが迷惑メールなのか否かを判定します．図 C.1 の「与えられている情報」は，横方向の確率，つまり迷惑メールである（ない）場合に「ある Word」が含まれるという条件つき確率ですが，迷惑メールか否かを判定する問題は，縦方向からの確率計算，すなわち「ある Word」が含まれる場合にそれが迷惑メールである（ない）という条件つき確率を求める問題です．この問題に対する答えがベイズの定理です．図 C.1 の定理の式を見ると，左辺と右辺の式で，x と y が入れ替わっていることが分かると思います．過去の経験や実績を学習して，新しい判定の問題に生かしているわけです．常に人間が行っているとても自然な思考方法が，ベイズの定理というわけです．アンケート調査を行った場合には，クロス集計が常套手段ですが，その際，横パーセントの表から縦パーセントを求める問題と考えていいでしょう（結果に意味があるかどうかは別にして）．

　さて，上の迷惑メールの問題では，「ある Word」1 つだけの情報しか使っ

ベイズの定理の例

迷惑メールの判定の問題
　以下の状況の確率に関する情報が与えられている。あるWordが含まれている(Y)とき、それが迷惑メールである(X)確率p(X|Y)を求める。
　ここで、p(a | b)はbが生起したという条件のもとで、aが生起する条件付きの確率をあらわす。

与えられている情報

	あるWordが含まれている y	あるWordは含まれていない y^c	
迷惑メールである x	$p(y\|x)$	$p(y^c\|x)$	$p(x)$
迷惑メールでない x^c	$p(y\|x^c)$	$p(y^c\|x^c)$	$p(x^c)$

ベイズの定理

$$p(x\mid y)=\frac{p(y\mid x)p(x)}{p(y)}=\frac{p(y\mid x)p(x)}{p(y\mid x)p(x)+p(y\mid x^c)p(x^c)}$$

図 C.1 ベイズの定理とは

ていません．現実のメールにはもっとたくさんの言葉が使われています．たくさんの情報を使えばそれだけ正しい判断ができるに違いありません．

　このような考え方がテキストマイニングの分類の問題にも応用されています．図 C.2 と図 C.3 に KH Coder が採用している方法を示しました．

　複数の言葉（Word）を同時に含む場合の条件つき確率の計算は，個々の言葉が含まれる確率の単純な積のかたちで求める方法を採用しています．これはナイーブベイズモデルあるいは単純ベイズ分類器と呼ばれる方法です．つまり，言葉と言葉の間の共起性までは考えないで，単純化して考えようというモデルです．

　ところが，実際には条件つき確率は 1 以下の小さな値なので，それら全部を掛け合わせると非常に小さな値になります．このような場合には計算の精度が保たれなくなるので，対数変換（log 変換）して求めるというのが KH Coder のやり方です．この方法で外部変数の各カテゴリーについて求めた条件つき確率を，学習結果としてファイルに保存して，新しいデータの分類に利用します．ただし，学習結果として表示される値は，条件つき確率に基づく関数で，正の値になるように変換されたスコアが用いられています．詳細はマニュアルを参

ベイズの定理をテキストマイニングへ（1）

一連の抽出語（word）$W(w_1, w_2, \cdots, w_n)$を含む文書が、あるカテゴリCに属する確率$p(C|W)$は、ベイズの定理から次式で計算できる。

$$p(C|W) = \boxed{\frac{p(W|C)p(C)}{p(W)}}$$

すべてのカテゴリについて、この確率を計算し、最大の値をとるカテゴリに割り当てる。

　右辺の分子の式中の$p(W|C)$の計算は

$$p(W(w_1, w_2, \cdots, w_n)|C) = p(w_1|C)p(w_2|C)\cdots p(w_n|C)$$

として求める。

この方法は、ナイーブベイズモデル
（単純ベイズ分類器）と呼ばれている

図 C.2　　ベイズの定理をテキストマイニングに応用する

ベイズの定理をテキストマイニングへ（2）

実際の計算は$p(W \mid C)p(C)$の代わりに

$$\log p(W \mid C)p(C)$$
$$= \log p(w_1 \mid C) + \log p(w_2 \mid C) + \cdots + \log p(w_n \mid C) + \log p(C)$$

とする。これは$p(w_i \mid C)$の積を計算すると極めて小さな値になり計算上の問題が生じないようにするためである。

また、分母の式の値$p(W)$はすべてのカテゴリについて共通なので無視することができる。

これらの値をテキストデータにもとづいて計算し学習結果として保存する。これが見本となる。

図 C.3　ベイズの定理をテキストマイニングに応用する

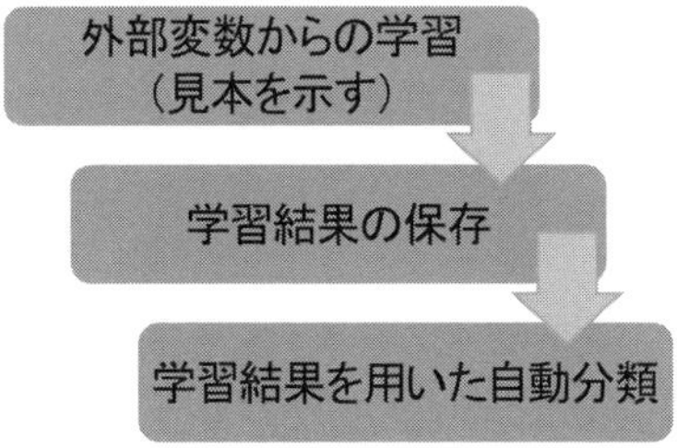

図 C.4　KH Coder におけるベイズ学習の手順

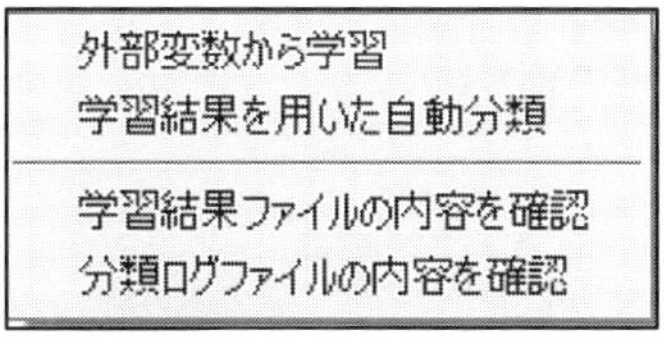

図 C.5　サブメニュー

照してください．

KH Coder におけるベイズ学習の手順を改めて示すと図 C.4 のようになります．

それでは，実際のデータを使って，ベイズ学習による分類を実践してみましょう．図 C.5 はベイズ学習のサブメニューです．ここから上の 2 項目を実行してみます．下の 2 項目［……の内容を確認］は，結果を確認するためのメニューです．

C.2　外部変数から学習

　前述の例における「迷惑メールである」「迷惑メールではない」のように，お手本となる分類基準が，あらかじめ外部変数として入力されていることが，このプロセスを実行するときの前提です．

　図 C.6 は［外部変数から学習］を実行するときの画面です．ここで最も重要なのが，ベイズ学習用の外部変数の指示です．下の事例では，試験的に「性年代」を設定してみました．われわれのデータでは個々の回答文の回答者属性が分かっていますので，「性年代」の分類基準をベイズ学習するためのお手本としては 100% 正確な分類見本を与えたことになります．高齢者向けサービスを分類するための別の情報が登録されていればそれを選択することができます．それ以外の設定箇所では，これまでの分析と同様に，ベイズ学習に使う抽出語を出現頻度や品詞によって選択することも忘れないでください．画面右側の 2 つのオプションは後述します．

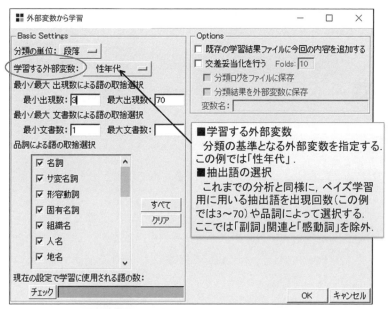

図 C.6　外部変数からの学習の設定画面

　[OK] として学習を実行し，結果を保存するファイルの保存先とファイル名を設定します．ファイルの種類は「*.knb」と固定されています．

　実行後に，このファイルの内容を確認するためには［ベイズ学習］メニューに戻って

「学習結果ファイルの内容を確認」

を実行します．先ほど設定したファイルを選択してください．図 C.7 は，図 C.6 の設定で学習した結果の一部を示したものです．

　［事前確率］の行は，外部変数（この場合は性年代）の各カテゴリーに与えられる数値で，ベイズの定理の図 C.3 の $\log(p(C))$ に対応するスコアです．この場合は，どのカテゴリーも同じ文書数（サンプル数）なので同じスコアになっています．もし，いずれかのカテゴリーの文書数が多ければ，そのカテゴリーに分類される可能性が高くなります．

　2 行目以降が，性年代のカテゴリーごとに各抽出語の条件つき確率，図 C.3 の $\log(p(w|C))$ に対応するスコアが表示されています．たとえば，「買い物」は女性 65-69 歳のスコアが 3.03 と最も大きく，男性 65-69 歳が 2.27 で最も小

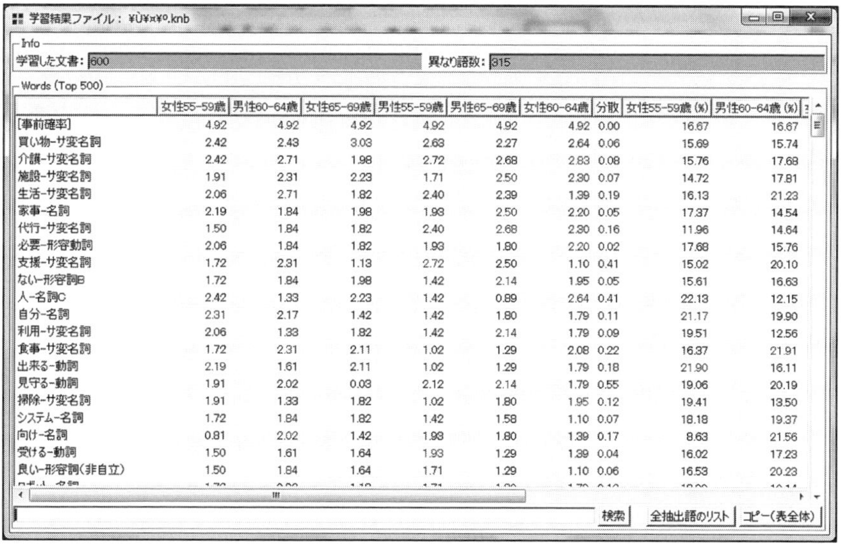

	女性55-59歳	男性60-64歳	女性65-69歳	男性55-59歳	男性65-69歳	女性60-64歳	分散	女性55-59歳 (%)	男性60-64歳 (%)
[事前確率]	4.92	4.92	4.92	4.92	4.92	4.92	0.00	16.67	16.67
買い物-サ変名詞	2.42	2.43	3.03	2.63	2.27	2.64	0.06	15.69	15.74
介護-サ変名詞	2.42	2.71	1.98	2.72	2.68	2.83	0.08	15.76	17.68
施設-サ変名詞	1.91	2.31	2.23	1.71	2.50	2.30	0.07	14.72	17.81
生活-サ変名詞	2.06	2.71	1.82	2.40	2.39	1.39	0.19	16.13	21.23
家事-名詞	2.19	1.84	1.98	1.93	2.50	2.20	0.05	17.37	14.54
代行-サ変名詞	1.50	1.84	1.82	2.40	2.68	2.30	0.16	11.96	14.64
必要-形容動詞	2.06	1.84	1.82	1.93	1.80	2.20	0.02	17.68	15.76
支援-サ変名詞	1.72	2.31	1.13	2.72	2.50	1.10	0.41	15.02	20.10
ない-形容詞B	1.72	1.84	1.98	1.42	2.14	1.95	0.05	15.61	16.63
人-名詞C	2.42	1.33	2.23	1.42	0.89	2.64	0.41	22.13	12.15
自分-名詞	2.31	2.17	1.42	1.42	1.80	1.79	0.11	21.17	19.90
利用-サ変名詞	2.06	1.33	1.82	1.42	2.14	1.79	0.09	19.51	12.56
食事-サ変名詞	1.72	2.31	2.11	1.02	1.29	2.08	0.22	16.37	21.91
出来る-動詞	2.19	1.61	2.11	1.02	1.29	1.79	0.18	21.90	16.11
見守る-動詞	1.91	2.02	0.03	2.12	2.14	1.79	0.55	19.06	20.19
掃除-サ変名詞	1.91	1.33	1.82	1.02	1.58	1.95	0.12	19.41	13.50
システム-名詞	1.72	1.84	1.82	1.42	1.58	1.10	0.07	18.18	19.37
向け-名詞	0.81	2.02	1.42	1.93	1.80	1.39	0.17	8.63	21.56
受ける-動詞	1.50	1.61	1.64	1.93	1.29	1.39	0.04	16.02	17.23
良い-形容詞(非自立)	1.50	1.84	1.64	1.71	1.29	1.10	0.10	16.53	20.23

学習結果ファイル：¥Ù¥×¥°.knb
Info
学習した文書：600　　異なり語数：315
Words (Top 500)

検索　全抽出語のリスト　コピー(表全体)

図 C.7 学習結果ファイル

さな値になっています.

以上のようにして学習した結果に基づいて，ある文書を，どの性年代の人が書いたものであるのかを確率的に判定する（分類する）ことを考えてみます．その文書中に出現した抽出語が，ベイズ学習した抽出語の中に一致するものがある場合には，性年代のカテゴリー別に対応するスコアを合計します．最終的に，スコアの合計の最も大きな性年代のカテゴリーに，その文書を分類します.

このように，とても簡単なルールで確率的な分類ができます．なお，表示画面の右側はパーセント表示になっていますが，これは行ごとに左側のスコアをパーセント換算した値です.

また，上の画面の各カテゴリー（「女性 55-59 歳」…）のラベル部分をクリックするとスコア順にソートされます（再クリックするともとに戻ります）．このようにするとカテゴリー別にどの抽出語のウェイトが大きいのかを確認することができます．さらに，画面下の［検索］窓に，たとえば「名詞」と指定すると名詞のスコアのみが表示されますので，いろいろな角度から外部変数（分類基準）のカテゴリーと抽出語の関係を調べてみることができて興味深いと思います.

ところで図 C.6 の画面の右側に 2 つのオプションがありました．この内容について補足します.

1 番目の［既存の学習結果ファイルに今回の内容を追加する］は，複数のプロジェクトの学習結果を併合する機能です．何回も同様の調査を行う場合などには有効に利用できます．今までの実績から得られた結果を学習して保存しておき，それを新たなプロジェクトの分類問題に生かせるわけです.

2 番目の［交差妥当化を行う］とは，

> 一部の文書を学習に使わずに取り分けておいた上で，学習に用いなかった文書を対象として，自動分類を行ってみるというテスト法である．これによって，学習結果による自動分類がどの程度正確に行えそうかという，見当をつけることができる（KH Coder マニュアルより引用）.

ということです．このようなテスト法は，ほかの統計手法などでもよく利用されています．この機能を選択した場合にはさらに，「Folds」にデータを分割する個数を 2～20 の範囲で設定します．テストは，そのうちの 1 群だけを取り分けて，残りの群で学習し，取り分けた分の自動分類を行います．すべてのケー

	A	B	C	D	E	F	G	H	I
1			ベイズ学習による分類						
2			女性55-59	女性65-69	男性60-64	男性65-69	男性55-59	女性60-64歳	
3	正解	女性55-59	14	17	18	18	15	18	
4		女性65-69	14	20	13	9	14	30	
5		男性60-64	10	13	16	28	20	13	
6		男性65-69	12	8	23	15	27	15	
7		男性55-59	10	9	26	19	16	20	
8		女性60-64	17	24	13	21	15	10	
9									
10									
11	正解を得た数: 91 / 600 (15.2%)								
12	Kappa 統計量: -0.018								
13									

図 C.8 交差妥当性によるテスト結果

スについて繰り返し実施して，どれだけ正確に分類できたかを CSV ファイルに出力して表示します．「性年代」の場合に Folds を 10 として試すと 15%の精度しか得られませんでした．図 C.8 がその結果です．対角線上の数値が正解を得た数なのですが，600 件中 91 件しかありませんでした．

また，「性別」を外部変数としてテストすると 60%程度の精度が得られました．交差妥当性のテストからは，性別の相違は明確なのですが，年代まで加えるとなかなか分類が難しいことを物語っています．55 歳から 69 歳の範囲なので，あまり違いがないといえるかもしれません．

さらに［分類ログをファイルに保存］にチェックして実行すると文書（サンプル）別に，分類された根拠を確認することができます．この場合にもファイルに出力して確認することになるので，ファイル名の設定が求められます．ファイルの種類は「*.nbl」と固定され，［ベイズ学習］メニューに戻って

　　　　　　　［分類ログファイルの内容を確認］

によって表示できます．この点は，次の C.3 でもう一度利用する場面が出てきますので，そこで補足説明します．

C.3　学習結果を用いた自動分類

このプロセスは，既存の「学習結果」ファイルを参照して実行します．「学習結果」ファイルがなければ実行できませんので注意してください．

　ここでは，C.2 で作成した高齢者向けサービスデータの「学習結果」ファイルを使いながら，実施手順を説明します．分割した一部のデータを使ってベイズ学習した結果を用いて試してみてもいいでしょう．

　図 C.9 は，学習結果を用いた自動分類の設定画面です．［参照］部に既存の学習結果ファイルを設定し，分類結果を保存する変数名を入力してください．また，今回は［分類ログをファイルに保存］にもチェックして，保存するファイル名（ファイルの種類は「*.nbl」）を設定してください．

　外部変数名を「ベイズ学習結果」と設定して分析してみました．終了すると図 C.10 のように［外部変数と見出し］画面が出力されます．設定した外部変数をクリックして，「女性 55-59 歳」以下の各カテゴリーに分類された文書数（サンプル数）を表示して確認しているところです．

　もともとの「性年代」は各々 100 件ずつだったので，学習結果との相違はあまりありませんが，どれだけ正確なのかは出力してみなければ分かりません．そこで，Ctrl キーを押しながら，変数名「性年代」も一緒に選択して，画面左下の［出力］ボタンをクリックしてください．適当な出力用のファイル名を設定して，そのファイルを開いてみましょう．

　図 C.11 は，ピボットテーブルを利用し，表側にもとの性年代，表頭に自動分類結果を割り当てて求めたクロス表です．対角要素（枠で囲んだ数値）が正解の件数で，全体の 57.5％です．交差妥当性の結果ほど悪くはありませんが，自分自身を学習させたにもかかわらず，正解率はこの程度でした．しかしなが

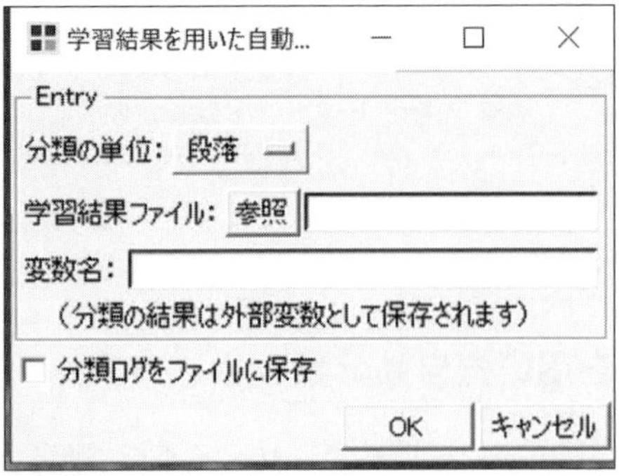

図 C.9　学習結果を用いた自動分類の設定画面

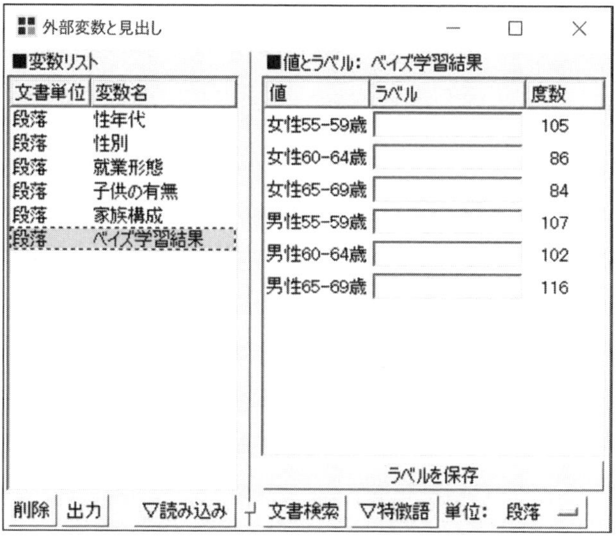

図 C.10　学習結果語の外部変数の確認画面

［出力］の際に，2つ以上の変数名を選択する場合は Ctrl キーを押しながらクリックする．

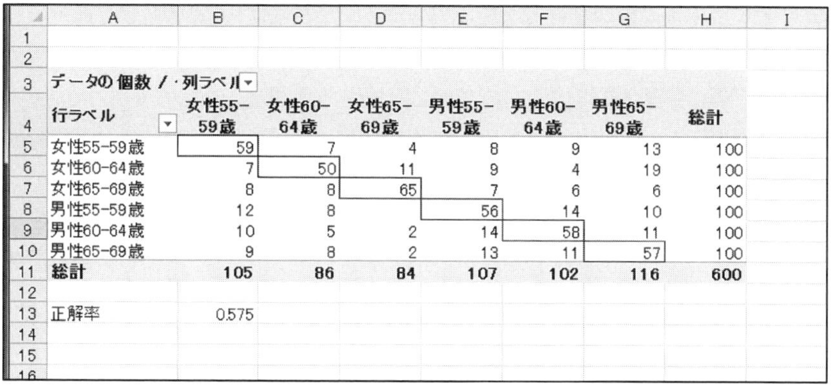

	A	B	C	D	E	F	G	H	I
1									
2									
3	データの 個数 / 列ラベル								
4	行ラベル	女性55-59歳	女性60-64歳	女性65-69歳	男性55-59歳	男性60-64歳	男性65-69歳	総計	
5	女性55-59歳	59	7	4	8	9	13	100	
6	女性60-64歳	7	50	11	9	4	19	100	
7	女性65-69歳	8	8	65	7	6	6	100	
8	男性55-59歳	12	8		56	14	10	100	
9	男性60-64歳	10	5	2	14	58	11	100	
10	男性65-69歳	9	8	2	13	11	57	100	
11	総計	105	86	84	107	102	116	600	
12									
13	正解率	0.575							
14									
15									
16									

図 C.11　学習結果の正解率を調べる

ら，性年代によって使っている抽出語に違いがあることだけは確かなように見えます．この点は，第 4 章で，いろいろな手法を駆使して抽出語方向から分析した結果と符合しているのではないでしょうか．

	頻度	女性55-59歳	男性60-64歳	女性65-69歳	男性55-59歳	男性65-69歳	女性60-64歳	分散	女性55-59歳 (%)	男性60-64歳 (%)	女性65-69歳
介護-サ変名詞	3	7.25	8.14	5.93	8.17	8.03	8.50	0.75	15.76	17.68	1
[事前確率]	1	4.92	4.92	4.92	4.92	4.92	4.92	0.00	16.67	16.67	1
年金-名詞	2	0.23	3.23	0.06	4.23	1.77	0.00	2.73	2.41	33.88	
一定-サ変名詞	1	0.81	0.23	0.03	1.71	0.19	0.00	0.37	27.19	7.67	
社会-名詞	1	1.21	1.61	0.03	1.42	1.80	1.10	0.33	16.89	22.47	
参加-サ変名詞	1	0.81	1.38	0.73	1.42	1.29	0.69	0.09	12.89	21.16	1
仕組み-名詞	1	0.12	0.92	0.03	1.42	1.58	0.00	0.44	2.83	22.63	
年齢-名詞	1	0.12	0.23	0.73	1.02	0.89	0.69	0.11	3.14	6.22	1

元の文書：社会的な老々介護の仕組み。年金受給年齢になったら、一定の介護労働を義務化する。老々介護に参加しない高齢者には年金を減額する。

図 C.12　分類ログファイル
「元の文書」は追記しました.

　次に「分類ログファイル」の中身を見ましょう. ベイズ学習メニューの［分類ログファイルの内容を確認］をクリックし, 保存したファイルを選択すると図 C.12 のような画面が開きます. C.2 で説明を略した画面ですが, 図 C.12 は, 6 番目の文書が「男性 55-59 歳」に分類された根拠を示しています.

　画面に追記した「元の文書」と比較してみてください. ところで, 実際の性年代は「男性 55-59 歳」なので, 正しく分類されています. この分類がどのようにして行われたのかを画面中の情報が示しています. まず,「介護-サ変名詞」以降の Words は文書中から学習用に選択した抽出語を表しています. その右側の各数値は, ベイズ学習したスコアを表します. このスコアを性年代のカテゴリー別に合計した結果が「Scores」の欄に「男性 55-59 歳」が 24.31,「男性 60-64 歳」20.60, …と降順に整列して表示されています. つまり,「男性 55-59 歳」の可能性が最も高いと判定されたのです. そのラベルもほかとは異なる色づけがなされます. ほかの気になる文書も確認してみてください.

付録D　Excel マクロによる文字列検索

　KH Coder の KWIC コンコーダンスによる検索は，分析結果のアウトプットからも行うことができ大変便利です．一方，ここで紹介する Excel マクロによる文字列検索は以下の特徴を持つ検索表示機能です．

　　○検索結果の表示方法は KWIC コンコーダンス形式．
　　○サンプル別に検索結果を表示．
　　○複数の任意の検索文字列を設定できる（注：文字列はテキストマイニングによる「抽出語」である必要はない）．

　レポートや報告書あるいはプレゼンテーション資料を作成するとき，注目する抽出語や文字列が，どのような文脈で使われているのかを提示することがしばしば求められます．表示形式としてはコンコーダンス形式が見やすくて便利です．また，自由回答のアンケートの場合にはサンプル別に示すことになるでしょう．さらに，1つの抽出語だけではなく，同義語や関連する言葉，異なる活用形（KH Coder ではこれが可能），あるいは任意の文字列などをまとめて検索表示できれば便利です．このようなことをねらってマクロを作成してみました．操作手順は以下の通りです．

D.1　検索対象のテキストデータの準備

　［対象データ］sheet の B 列に検索対象のテキストデータをコピーして貼りつけます．A 列には以下の図 D.1 の例のように，たとえば連番のような空白ではない何らかの文字を入力します．この列で空白行が見つかるまで検索を実行するようになっています．検索結果は同じ sheet の右側に表示されます．

D.2　検索文字列の設定

　検索対象の文字列を［検索文字列］sheet に設定します．前述の通り，複数

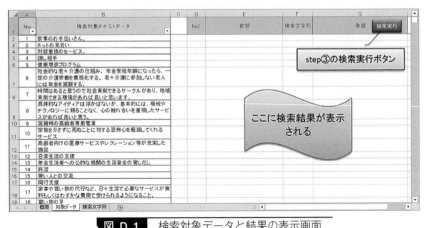

図 D.1　検索対象データと結果の表示画面

図 D.2　検索文字列の設定例

個の文字列を設定できます．ただし 10 個以内に制限しています．たとえば図
D.2 の例のように「見守り」「見る」「見回り」の 3 個の関連する文字列をま
とめて設定します．

D.3　検索の実行

図 D.1 右上の「検索実行」ボタンをクリックすると検索が実行されます．
この実行ボタンには Excel の文字列検索マクロが割り当てられています．マク
ロの中身は次のようにして確認できます．［開発］タブにあるマクロのメニュ

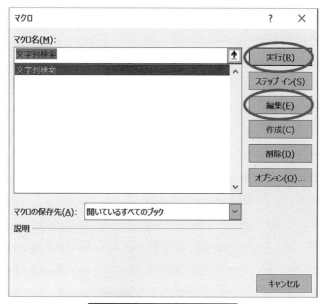

図 **D.3** マクロメニュー

ー（図 D.3）の［編集］をクリックするとプログラムが確認できます．また［実行］ボタンをクリックするとマクロを実行（検索）できます．もしリボンに［開発］タブが表示されない場合は［概要］sheet のコメントを参照してください．

D.4　実行（検索）結果の表示

　［対象データ］と同じシート上に検索結果がコンコーダンス形式で表示されます（図 D.4）．1 つのサンプル（回答文）の中に，複数の検索文字列が含まれる場合には，その個数分，複数行にわたって表示されます．D 列の「No2」には検索対象の文字列が検出された A 列の「No」を示しています．同じ「No」が複数行になる場合もあります．E 列は検索対象の文字列（この例の場合は「見守り」「見る」「見回り」）の前の部分，G 列は後の部分を示しています．

　注目する検索文字列（群）について繰り返し実行してください．検索結果はその都度編集してレポート，報告書，プレゼンテーション用の資料として利用してください．

検索実行

No.	検索対象テキストデータ ▼		No2	前部	検索文字列	後部
1	家事のお手伝いさん。		69	前で受けられる、一人になった際の	見守り	サービス、例えばウェアラブル端末で異常を
2	ネット見合い		72		見守り	サービスや自身の危機を知らせられるシス
3	対話重視のセービス。		79	IoTサービス、	見守り	
4	話し相手		97	GPSでの	見守り	安否確認。
5	健康増進プログラム		111		見守り	サービス
6	社会的な老々介護の仕組み。年金受給年齢になったら、一定の介護労働を義務化する。老々介護に参加できる老人には年金を減額する。		122		見守り	
7	時間はあると思うので社会貢献できるサークルがあり、地域貢献できる環境があれば良いと思います。		145		見守り	サービスを低価格で。
8	具体的なアイディアは浮かばないが、基本的には、機械やテクノロジーに頼ることなく、心の触れ合いを重視したサービスがあれば良いと思う。		171	在宅	見守り	
9	混雑時の高齢者専用電車		187	毎日の健康	見守り	
10	宗教を介さずに死ぬことに対する恐怖心を軽減してくれるサービス		205	高齢者向けの	見回り	サービス。
11	高齢者向けの医療サービスやレクリエーション等が充実した施設		208	高齢者の面倒を	見る	ことが出来る高齢者に対し、何らかのメリット
12	日常生活の支援		212	用、歩行、着替え、入浴 認知症の	見守り	サービス、田舎でのカーシェアー、代行運転
13	年金生活者への公的な機関の生活資金の貸し出し		226	くれたり、話相手になってくれたり、	見守り	をしてくれるサービスが必要になると思う。
14	終活		227		見守り	サービス、リクエストがなければ何もしないか
15	若い人との交流		234	きめ細かい	見守り	サービス
16	回行支援		255		見守り	サービス
17	家事や買い物の代行など、日々生活で必要なサービスが無料もしくはわずかな費用で受けられるようになること。		322	利用したいのは、年寄りの	見守り	制度、食事の宅配システム、お掃除代行は

図 D.4　検索結果の表示（D～G列）

付録 E KH Coder の構成と機能

KH Coder には多くの機能が備わっており，メニューは多階層に及びます．
ここでは KH Coder の全体像を把握できるように主要なメニューを示しなが
ら，その構成と機能の概要を説明します．

E.1　KH Coder のメイン画面と3本の柱

KH Coder を起動するとメイン画面が開きます．ここからすべてがスタート

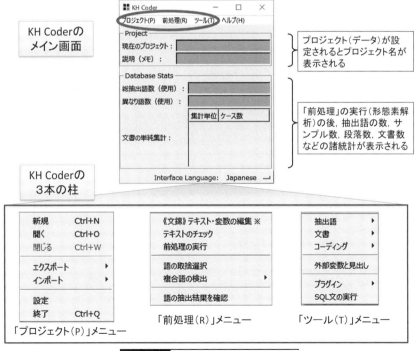

図 E.1　KH Coder の全体構成

します．KH Coder には図 E.1 のように［プロジェクト］［前処理］［ツール］
の 3 本の柱があり，通常はこの順番で分析を進めていきます．

　［プロジェクト］はプロジェクトの開始と終了，データの初期登録や Excel
などへのエクスポートとインポート，辞書や画面表示の設定を行います．［前
処理］は形態素解析（「前処理の実行」），語の取捨選択など［ツール］への橋
渡しを行います．本書では［プロジェクト］と併せて主に第 3 章で解説してい
ます．そして［ツール］はテキストマイニングの実際の検索や分析を行います．
本書では第 4～6 章，さらに一部は付録 B と C で解説しています．以下各々の
メニューの概要を示します．

E.2　［プロジェクト］メニューと主な機能

　［プロジェクト］メニューからプロジェクトの開始と終了，新規プロジェク

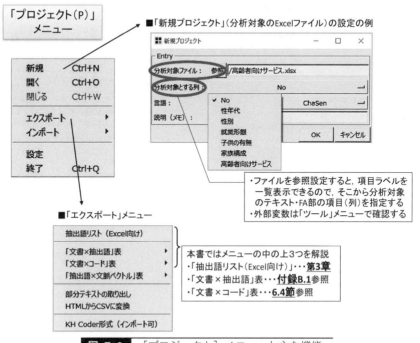

図 E.2　［プロジェクト］メニューと主な機能

トの登録や各種ファイルのエクスポートやインポートおよびシステム辞書の設定などを行います．図 E.2 は本書で解説している［プロジェクト］の主な機能です．

第3章ではデータの読み込みについて解説していますが，この図の例は新規プロジェクトとして Excel ファイルからテキスト部と外部変数部を一括して読み込む例です．また中間ファイルを Excel などへエクスポートする方法は第3章をはじめ，いくつかの章・節で解説しています．

E.3 ［前処理］メニューと機能

［前処理］メニューの目的は，もとのテキストデータを形態素解析して品詞別に分解し，分析の対象となる「語」を抽出して［ツール］に引き渡すことです．その処理を行うメニューが［前処理の実行］です．より適切な抽出語が得

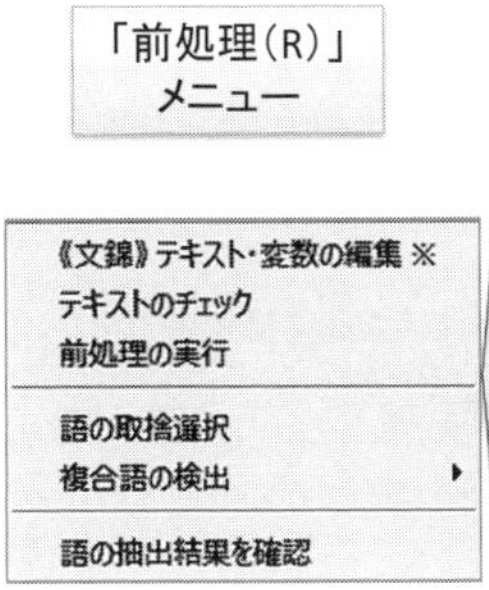

メニュー	機能
《文錦》テキスト・変数の編集	・KH Coderに機能追加するプラグインソフト ・有償のソフトウェア
テキストのチェック	・分析対象のテキスト中で文字化けしている部分や長すぎる行などの問題点を発見する ・自動修正できるが，もとのテキストデータを見直すのがお勧め
前処理の実行	・形態素解析を実行する ・この処理が行われてはじめて「ツール」を実行できる ・「語の取捨選択」後も必ずこの処理を実行する
語の取捨選択	・品詞によって分析に使用する語を選択できる ・また，分析に用いる語を強制的に抽出できるあるいは使用しない語も指定できる ・その指定は直接入力するか，あるいは ・ファイル（My辞書）から入力できる（おすすめ）
複合語の検出	・形態素解析の後，語が細かすぎる分割が行われる可能性がある．たとえば「高齢｜者」のように ・このような場合に，ひとつの（複合）語「高齢者」としてリストアップしてくれる機能である ・これらを整理して『語の取捨選択』を行う
語の抽出結果を確認	・「前処理の実行」後にもとのテキストデータがどのように分割されたのか（形態素解析）を確認できる

「前処理(R)」メニュー

《文錦》テキスト・変数の編集 ※
テキストのチェック
前処理の実行
語の取捨選択
複合語の検出　▶
語の抽出結果を確認

図 E.3　［前処理］メニューと機能

られるようにするためのいろいろな補助的な機能が図 E.3 に示すメニューの
ように準備されています．詳細は第 3 章で解説しています．

　形態素解析を行う［前処理の実行］は，［ツール］で検索や分析をした後で
も何度も繰り返し実行することになるでしょう．つまり［前処理］と［ツール］
は行ったり来たりすることになります．その辺がテキストマイニングの醍醐味
といえるかもしれません．

E.4　［ツール］メニューと主な機能

　形態素解析によって抽出された語と外部変数を組み合わせて，テキストマイ
ニングの実際の検索や分析を行うのが［ツール］に準備された各メニューです．
検索と分析のための 3 つの軸があります．1 つ目は「抽出語」に基づく検索や
共起ネットワークをはじめとする各種の共起性の分析，2 つ目の軸は「文書」

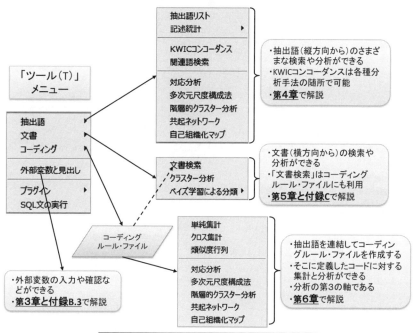

図 E.4　［ツール］メニューと主な機能

（横・サンプル方向から）の検索と分析，3 つ目の軸は分析者が抽出語を連結して定義するコード（コーディングルール・ファイル）に対する集計や分析です．図 E.4 の通り，それぞれ主として第 4〜6 章で解説しています．

そのほかにもこのメニューには外部変数の読み込みと確認，プラグイン機能や MySQL との簡易インターフェイスのコマンドが準備されています．メニュー内の［プラグイン］と［SQL 文の実行］については本書では解説していませんので，詳しくは KH Coder の開発者である樋口耕一氏の書籍やマニュアルを参照してください．

索　　引

著者略歴

うしざわけんじ
牛澤賢二

1952 年　山形県長井市に生まれる
1976 年　東京理科大学理学部応用数学科卒業
2002 年　産業能率大学教授
現　在　株式会社シード・プランニング顧問
　　　　有限会社統計科学研究所理事
　　　　博士（工学）

主著
『マーケティング調査入門』（培風館，2007），ほか

やってみようテキストマイニング 増訂版
―自由回答アンケートの分析に挑戦!―　　　定価はカバーに表示

2018 年　8 月 25 日　初　版第 1 刷
2020 年　2 月 15 日　　　　第 6 刷
2021 年　5 月 1 日　増訂版第 1 刷
2022 年　3 月 25 日　　　　第 3 刷

著　者　牛　澤　賢　二
発行者　朝　倉　誠　造
発行所　株式
　　　　会社　朝　倉　書　店

東京都新宿区新小川町 6-29
郵便番号　162-8707
電　話　03（3260）0141
Ｆ Ａ Ｘ　03（3260）0180
https://www.asakura.co.jp

〈検印省略〉

© 2021〈無断複写・転載を禁ず〉

中央印刷・渡辺製本

ISBN 978-4-254-12261-9　C 3041　　　Printed in Japan

前都立大 朝野煕彦編著 ビジネスマン がきちんと学ぶ ディープラーニング with Python 12260-2 C3041　　　A 5 判 184頁 本体2800円	機械が学習する原理を，数式表現の確認，手計算，Pythonによる実装，データへの適用・改善と順を追って解説。仕組みを理解して自分のビジネスデータへの応用を目指す実務家のための実践テキスト。基礎数学から広告効果測定事例まで。
前首都大 朝野煕彦編著 ビジネスマン がはじめて学ぶ ベ イ ズ 統 計 学 ―ExcelからRへステップアップ― 12221-3 C3041　　　A 5 判 228頁 本体3200円	ビジネス的な題材，初学者視点の解説，ExcelからR(Rstan)への自然な展開を特長とする待望の実践的入門書。〔内容〕確率分布早わかり／ベイズの定理／ナイーブベイズ／事前分布／ノームの更新／MCMC／階層ベイズ／空間統計モデル／他
前首都大 朝野煕彦編著 ビジネスマンが 一歩先をめざす ベ イ ズ 統 計 学 ―ExcelからRStanへステップアップ― 12232-9 C3041　　　A 5 判 176頁 本体2800円	文系出身ビジネスマンに贈る好評書第二弾。丁寧な解説とビジネス素材の分析例で着実にステップアップ。〔内容〕基礎／MCMCを Excel で／階層ベイズ／ベイズ流仮説検証／予測分布と不確実性の計算／状態空間モデル／Rによる行列計算／他
筑波大 手塚太郎著 し く み が わ か る 深 層 学 習 12238-1 C3004　　　A 5 判 184頁 本体2700円	深層学習（ディープラーニング）の仕組みを，ベクトル，微分などの基礎数学から丁寧に解説。〔内容〕深層学習とは／深層学習のための数学入門／ニューラルネットワークの構造を知る／ニューラルネットワークをどう学習させるか／他
筑波大 手塚太郎著 し く み が わ か る ベ イ ズ 統 計 と 機 械 学 習 12239-8 C3004　　　A 5 判 220頁 本体3200円	ベイズ統計と機械学習の基礎理論を丁寧に解説。〔内容〕統計学と機械学習／確率入門／ベイズ推定入門／二項分布とその仲間たち／共役事前分布／EMアルゴリズム／変分ベイズ／マルコフ連鎖モンテカルロ法／変分オートエンコーダ
計量国語学会編集 デ ー タ で 学 ぶ 日 本 語 学 入 門 51050-8 C3081　　　A 5 判 168頁 本体2600円	初学者のための「計る」日本語学入門。いまや現象を数量的に考えるのはあたりまえ。日本語も，まずは，数えてみよう。日本語学と統計，両方の初心者に，ことばをデータに置き換えるのは決して難しくないことを解説。
日大 小林雄一郎著 こ と ば の デ ー タ サ イ エ ン ス 51063-8 C3081　　　A 5 判 180頁 本体2700円	コンピュータ・統計学を用いた言語学・文学研究を解説。データ解析事例も多数紹介。〔内容〕ことばのデータを集める／言葉を数える／データの概要を調べる／データを可視化する／データの違いを検証する／データの特徴を抽出する／他
@driller・小川英幸・古木友子著 Python インタラクティブデータビジュアライゼーション入門 ―Plotly/Dashによるデータ可視化とWebアプリ構築― 12258-9 C3004　　　B 5 判 288頁 本体4000円	Webサイトで公開できる対話的・探索的（読み手が自由に動かせる）可視化をPythonで実践。データ解析に便利なPlotly，アプリ化のためのユーザインタフェースを作成できるDash，ネットワーク図に強いDash Cytoscapeを具体的に解説。
早大 豊田秀樹著 は じ め て の 統 計 デ ー タ 分 析 ―ベイズ的〈ポストp値時代〉の統計学― 12214-5 C3041　　　A 5 判 212頁 本体2600円	統計学への入門の最初からベイズ流で講義する画期的な初級テキスト。有意性検定によらない統計的推測法を高校文系程度の数学で理解。〔内容〕データの記述／MCMCと正規分布／2群の差（独立・対応あり）／実験計画／比率とクロス表／他
早大 豊田秀樹著 瀕 死 の 統 計 学 を 救 え ！ ―有意性検定から「仮説が正しい確率」へ― 12255-8 C3041　　　A 5 判 160頁 本体1800円	米国統計学会をはじめ科学界で有意性検定の放棄が謳われるいま，統計的結論はいかに語られるべきか？初学者歓迎の軽妙な議論を通じて有意性検定の考え方とp値の問題点を解説，「仮説が正しい確率」に基づく明快な結論の示し方を提示。